Matemáticas diarias®

The University of Chicago School Mathematics Project

Diario del estudiante
Volumen 2

The McGraw-Hill Companies

The University of Chicago School Mathematics Project (UCSMP)

Max Bell, Director, UCSMP Elementary Materials Component; Director, *Everyday Mathematics* First Edition
James McBride, Director, *Everyday Mathematics* Second Edition
Andy Isaacs, Director, *Everyday Mathematics* Third Edition
Amy Dillard, Associate Director, *Everyday Mathematics* Third Edition

Authors

Max Bell
Jean Bell
John Bretzlauf
Amy Dillard
Robert Hartfield
Andy Isaacs
James McBride
Cheryl G. Moran*
Kathleen Pitvorec
Peter Saecker

**Third Edition only*

Technical Art
Diana Barrie

Teachers in Residence
Kathleen Clark, Patti Satz

Editorial Assistant
John Wray

Contributors

Robert Balfanz, Judith Busse, Mary Ellen Dairyko, Lynn Evans, James Flanders, Dorothy Freedman, Nancy Guile Goodsell, Pam Guastafeste, Nancy Hanvey, Murray Hozinsky, Deborah Arron Leslie, Sue Lindsley, Mariana Mardrus, Carol Montag, Elizabeth Moore, Kate Morrison, William D. Pattison, Joan Pederson, Brenda Penix, June Ploen, Herb Price, Dannette Riehle, Ellen Ryan, Marie Schilling, Susan Sherrill, Patricia Smith, Robert Strang, Jaronda Strong, Kevin Sweeney, Sally Vongsathorn, Esther Weiss, Francine Williams, Michael Wilson, Izaak Wirzup

Photo Credits

©Fotosearch, p. v *bottom*; Getty Images, cover, *right;* ©Linda Lewis; Frank Lane Picture Agency/CORBIS, cover, *bottom left;* ©Photodisc/Getty Images, p. v *top;* ©Star/zefa/Corbis, cover, *center.*

www.WrightGroup.com

Printed in the United States of America.

Send all inquiries to:
Wright Group/McGraw-Hill
8787 Orion Place
Columbus, OH 43240-4027

ISBN 978-0-07-610057-6
MHID 0-07-610057-X

8 9 MAL 13 12 11

The McGraw·Hill Companies

Contenido

UNIDAD 7 Patrones y reglas

UNIDAD 8 Fracciones

UNIDAD 9 Medidas

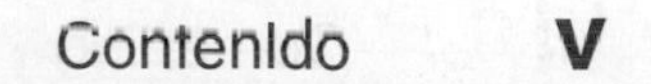

UNIDAD 10 Decimales y valor posicional

UNIDAD 11 Repaso de las operaciones con números enteros

$3.41

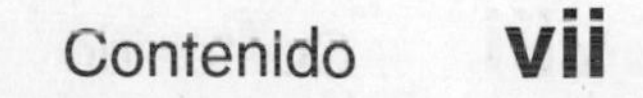

UNIDAD 12 Repasos de fin de año y extensiones

Hojas de actividades

Fecha _______________ Hora _______________

LECCIÓN 7•1

Usar la calculadora para hallar patrones

1. Usa una calculadora para contar de 5 en 5 empezando por el número 102. Colorea con un crayón tu conteo en la cuadrícula. Busca un patrón.

									100
101	102	103	104	105	106	107	108	109	110
111	112	113	114	115	116	117	118	119	120
121	122	123	124	125	126	127	128	129	130

2. Elige un número por el que quieras contar. Empieza por un número menor que 310. Usa tu calculadora para contar. Registra tus conteos en la cuadrícula con un crayón.

									300
301	302	303	304	305	306	307	308	309	310
311	312	313	314	315	316	317	318	319	320
321	322	323	324	325	326	327	328	329	330
331	332	333	334	335	336	337	338	339	340
341	342	343	344	345	346	347	348	349	350
351	352	353	354	355	356	357	358	359	360
361	362	363	364	365	366	367	368	369	370

Conté de _____ en _____ empezando por el número _____.

Éste es un patrón que hallé: ____________________

____

____

LECCIÓN 7•1

Cajas matemáticas

1. ¿Qué es seguro que ocurra? Encierra en un círculo la mejor respuesta.

   A. Aterrizará una nave espacial en la escuela.

   B. Tu equipo favorito ganará siempre.

   C. La primavera seguirá al invierno.

   D. Serás una estrella de cine.

2. Resuelve.

   Unidad

   17 − 9 = ______

   27 − 9 = ______

   57 − 9 = ______

   ______ = 77 − 9

   ______ = 97 − 9

3. Haz una matriz de 7 por 7 con puntos.

   ¿Cuántos hay en total?

   ______ puntos

4. Ordena las mesadas de la mínima (la menor) a la máxima (la mayor).

   $10, $3, $7, $1, $4

   ______, ______, ______, ______, ______

   El mínimo es ______.

   El máximo es ______.

   MLC 45

5. Une a cada persona con el peso correcto.

bebé recién nacido	alrededor de 144 libras
estudiante de 2° grado	alrededor de 63 libras
adulto	alrededor de 7 libras

6. ¿Cuántas cajas hay en esta página de Cajas matemáticas?

   ______ cajas

   ¿Cuántas cajas hay en $\frac{1}{2}$ de esta página?

   ______ cajas

Fecha Hora

LECCIÓN 7·2

Formar decenas

Registra tres rondas de *Alcanza el objetivo.*

Ejemplo de ronda:

Número objetivo: 40

Número inicial	Cambio →	Resultado	Cambio →	Resultado	Cambio →	Resultado
12	+38	50	-10	40		

Ronda 1

Número objetivo: ______

Número inicial	Cambio →	Resultado	Cambio →	Resultado	Cambio →	Resultado

Ronda 2

Número objetivo: ______

Número inicial	Cambio →	Resultado	Cambio →	Resultado	Cambio →	Resultado

Ronda 3

Número objetivo: ______

Número inicial	Cambio →	Resultado	Cambio →	Resultado	Cambio →	Resultado

LECCIÓN 7•2

Resolver problemas de resta

Usa bloques de base 10 como ayuda para restar.

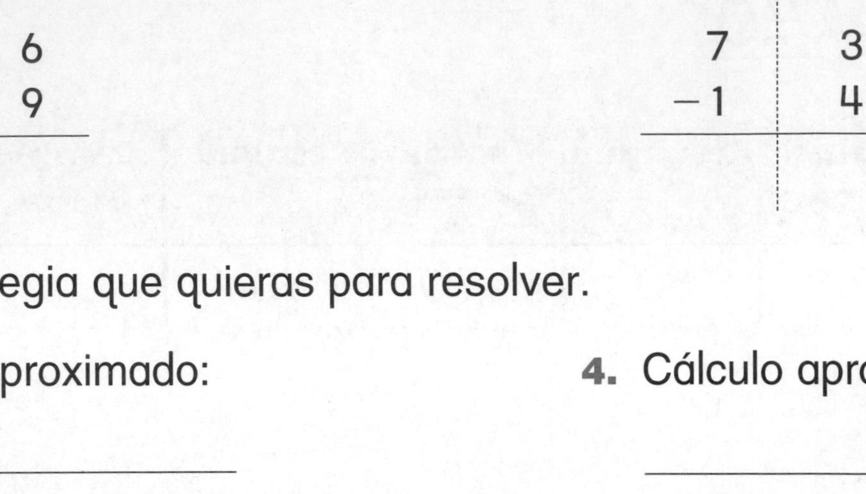

1.

largos	cubos
5	6
− 3	9

2.

largos	cubos
7	3
− 1	4

Usa la estrategia que quieras para resolver.

3. Cálculo aproximado: ____________

$$\begin{array}{r} 47 \\ -19 \\ \hline \end{array}$$

4. Cálculo aproximado: ____________

$$\begin{array}{r} 88 \\ -23 \\ \hline \end{array}$$

5. Cálculo aproximado: ____________

$$\begin{array}{r} 82 \\ -65 \\ \hline \end{array}$$

6. Cálculo aproximado: ____________

$$\begin{array}{r} 64 \\ -38 \\ \hline \end{array}$$

Fecha Hora

LECCIÓN 7•2

Cajas matemáticas

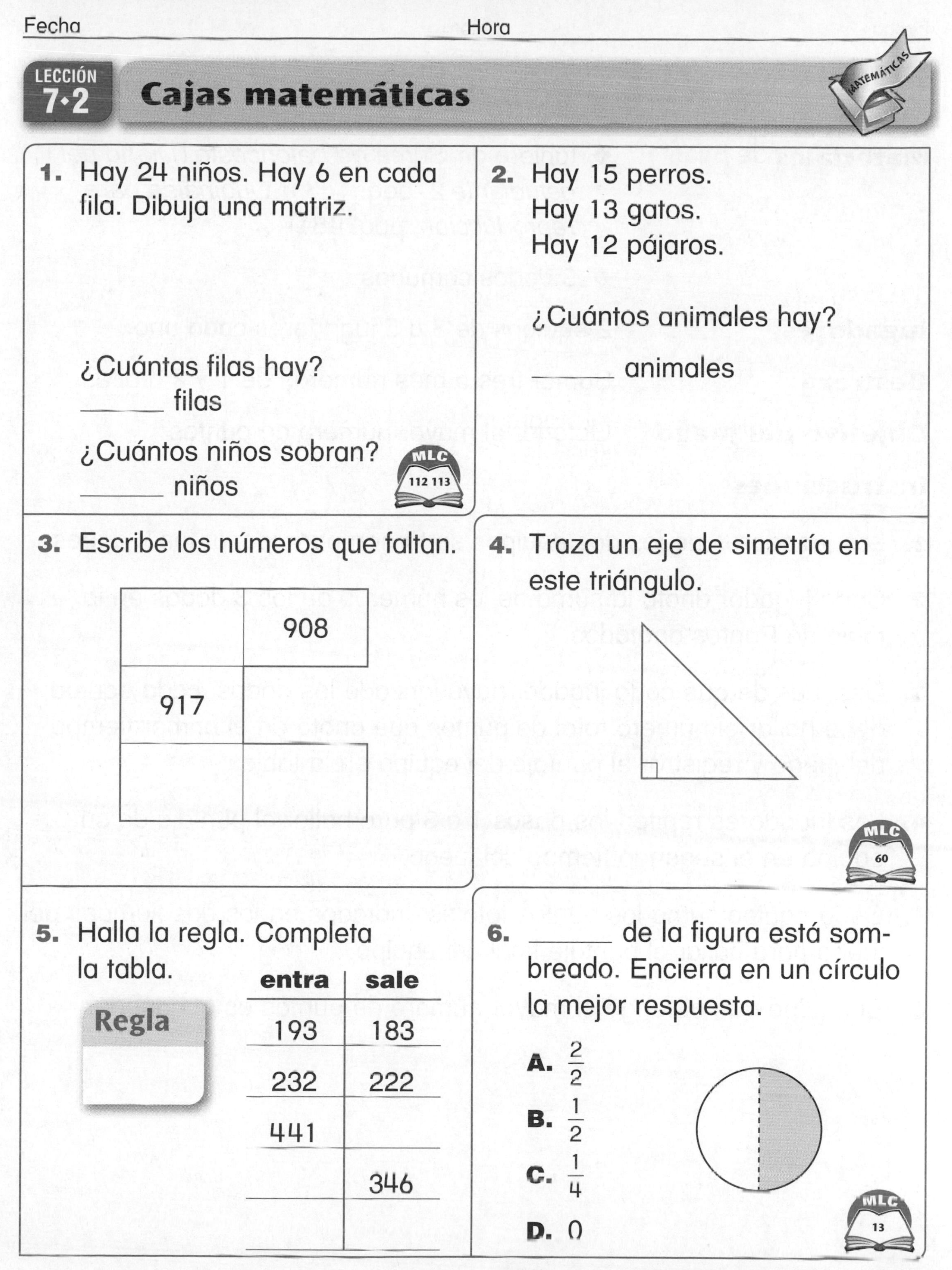

1. Hay 24 niños. Hay 6 en cada fila. Dibuja una matriz.

¿Cuántas filas hay?

______ filas

¿Cuántos niños sobran?

______ niños

MLC 112 113

2. Hay 15 perros.
Hay 13 gatos.
Hay 12 pájaros.

¿Cuántos animales hay?

______ animales

3. Escribe los números que faltan.

	908
917	

4. Traza un eje de simetría en este triángulo.

MLC 60

5. Halla la regla. Completa la tabla.

Regla

entra	sale
193	183
232	222
441	
	346

6. ______ de la figura está sombreado. Encierra en un círculo la mejor respuesta.

A. $\frac{2}{2}$

B. $\frac{1}{2}$

C. $\frac{1}{4}$

D. 0

MLC 13

LECCIÓN 7•3

Juego: *Suma de baloncesto*

Materiales
- tablero de *Suma de baloncesto* (*Diario del estudiante* 2, pág. 167 u *Originales para reproducción*, pág. 451)
- 3 dados comunes

Jugadores 2 equipos de 3 a 5 jugadores cada uno

Destreza Sumar tres o más números de 1 y 2 dígitos

Objetivo del juego Obtener el mayor número de puntos

Instrucciones

1. Los jugadores de los dos equipos se turnan para lanzar los 3 dados.
2. Cada jugador anota la suma de los números de los 3 dados en la tabla de Puntos anotados.
3. Después de que cada jugador haya lanzado los dados, cada equipo debe hallar el número total de puntos que anotó en el primer tiempo del juego y registrar el puntaje del equipo en la tabla.
4. Los jugadores repiten los pasos 1 a 3 para hallar el puntaje de su equipo en el segundo tiempo del juego.
5. Cada equipo suma los puntos totales anotados en los dos tiempos del juego para hallar el puntaje final del equipo.
6. El equipo que obtenga el mayor número de puntos es el ganador.

Fecha ______ Hora ______

LECCIÓN 7•3

Suma de baloncesto

	Puntos anotados			
	Equipo 1		Equipo 2	
	1er tiempo	2do tiempo	1er tiempo	2do tiempo
Jugador 1				
Jugador 2				
Jugador 3				
Jugador 4				
Jugador 5				
Puntaje por equipo				

Total de puntos	**1er tiempo**	**2do tiempo**	**Final**
Equipo 1	______	______	______
Equipo 2	______	______	______

1. ¿Qué equipo ganó el primer tiempo? ______________

¿Por cuánto? Por ______ puntos

2. ¿Qué equipo ganó el segundo tiempo? ______________

¿Por cuánto? Por ______ puntos

3. ¿Qué equipo ganó el partido? ______________

¿Por cuánto? Por ______ puntos

Fecha Hora

LECCIÓN 7•3

Más historias de multiplicación

Escribe tus propias historias de multiplicación y represéntalas con dibujos. Puedes usar los dibujos del margen de la página para sacar ideas.

Para cada historia:

- Escribe las palabras.
- Haz un dibujo.
- Escribe la respuesta.

Ejemplo:

Hay 5 triciclos. ¿Cuántas ruedas hay en total?

Respuesta: 15 ruedas
(unidad)

1. ______________________

____

Respuesta: ______________________
(unidad)

2. ______________________

____

Respuesta: ______________________
(unidad)

Una persona tiene 2 orejas.

Un triciclo tiene 3 ruedas.

Un carro tiene 4 ruedas.

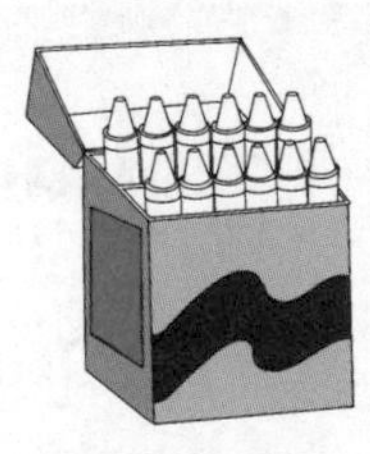

La caja tiene 12 crayones.

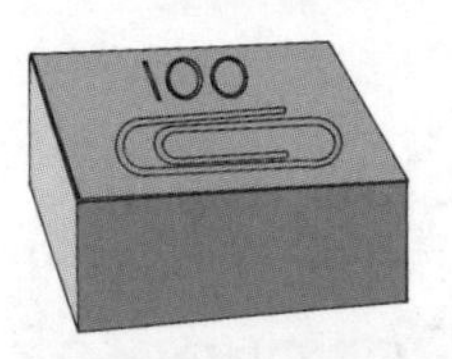

La caja tiene 100 clips.

El paquete de jugo tiene 6 latas.

LECCIÓN 7·3

Cajas matemáticas

1. ¿Qué es imposible? Elige la mejor respuesta.
   - ⬭ Escribiré una carta.
   - ⬭ Comeré pastel.
   - ⬭ Brillará el sol.
   - ⬭ Un pez vivirá fuera del agua.

2. Resuelve.

   Unidad

   ______ = 37 + 9

   ______ = 137 + 9

   116 − 8 = ______

   176 − 8 = ______

3. Dibuja 5 peceras y 2 peces en cada pecera.

   ¿Cuántos peces hay en total?

   ______ peces

4. Ordena el número de mascotas del mínimo (el menor) al máximo (el mayor).

   7, 0, 4, 1, 3, 5, 2

   ___, ___, ___, ___, ___, ___, ___

   El mínimo es ______.

   El máximo es ______.

   MLC 45

5. 1 bolsa de azúcar pesa 5 libras.

   6 bolsas de azúcar pesan

   ______ libras.

   A. 50 **B.** 60

   C. 25 **D.** 30

6. Encierra en un círculo el trapecio que tiene $\frac{1}{3}$ sombreado.

   MLC 13

Fecha Hora

LECCIÓN 7•4

Los muñecos

1. En cada línea, escribe el número de muñecos después de duplicarlos. Usa tu calculadora como ayuda.

Empezaste el viernes con ______ muñeco.

El sábado había ______ muñecos.

El domingo había ______ muñecos.

El lunes habrá ______ muñecos.

El martes habrá ______ muñecos.

El miércoles habrá ______ muñecos.

El jueves habrá ______ muñecos.

El viernes habrá ______ muñecos.

Un muñeco

2. En cada línea, escribe el número de muñecos después de dividirlos por la mitad. Usa tu calculadora como ayuda. Recuerda que "$\frac{1}{2}$ de" significa "dividir entre 2".

Había ______ muñecos.

Después del guiño 1, quedaron ______ muñecos.

Después del guiño 2, quedaron ______ muñecos.

Después del guiño 3, quedaron ______ muñecos.

Después del guiño 4, quedaron ______ muñecos.

Después del guiño 5, quedaron ______ muñecos.

Después del guiño 6, quedaron ______ muñecos.

Después del guiño 7, quedó ______ muñeco.

¡Tu dormitorio podría verse así!
¿Qué harás?

Adapted with permission from *Calculator Mathematics Book 2* by Sheila Sconiers, pp. 10 and 11 (Everyday Learning Corporation, © 1990 by the University of Chicago).

LECCIÓN 7•4

Cajas matemáticas

1. Reúne 29 fichas. ¿Cuántos grupos de 3 puedes formar?

____ grupos

¿Cuántas fichas sobran?

____ fichas

MLC 114 115

2. Resuelve.

Unidad
vagones

4 + 3 + 13 = ____

____ = 12 + 6 + 8

5 + 4 + 18 = ____

____ = 18 + 12 + 6

40 = 15 + 6 + ____

3. Escribe los números que faltan.

	717	

4. Traza los ejes de simetría en este rectángulo.

¿Cuántos ejes de simetría hay?

____

MLC 60

5.

Regla
Duplica

entra	sale
2	4
4	
5	
	14

6. Sombrea la mitad de este cuadrado.

Fecha Hora

LECCIÓN 7•5

Cajas matemáticas

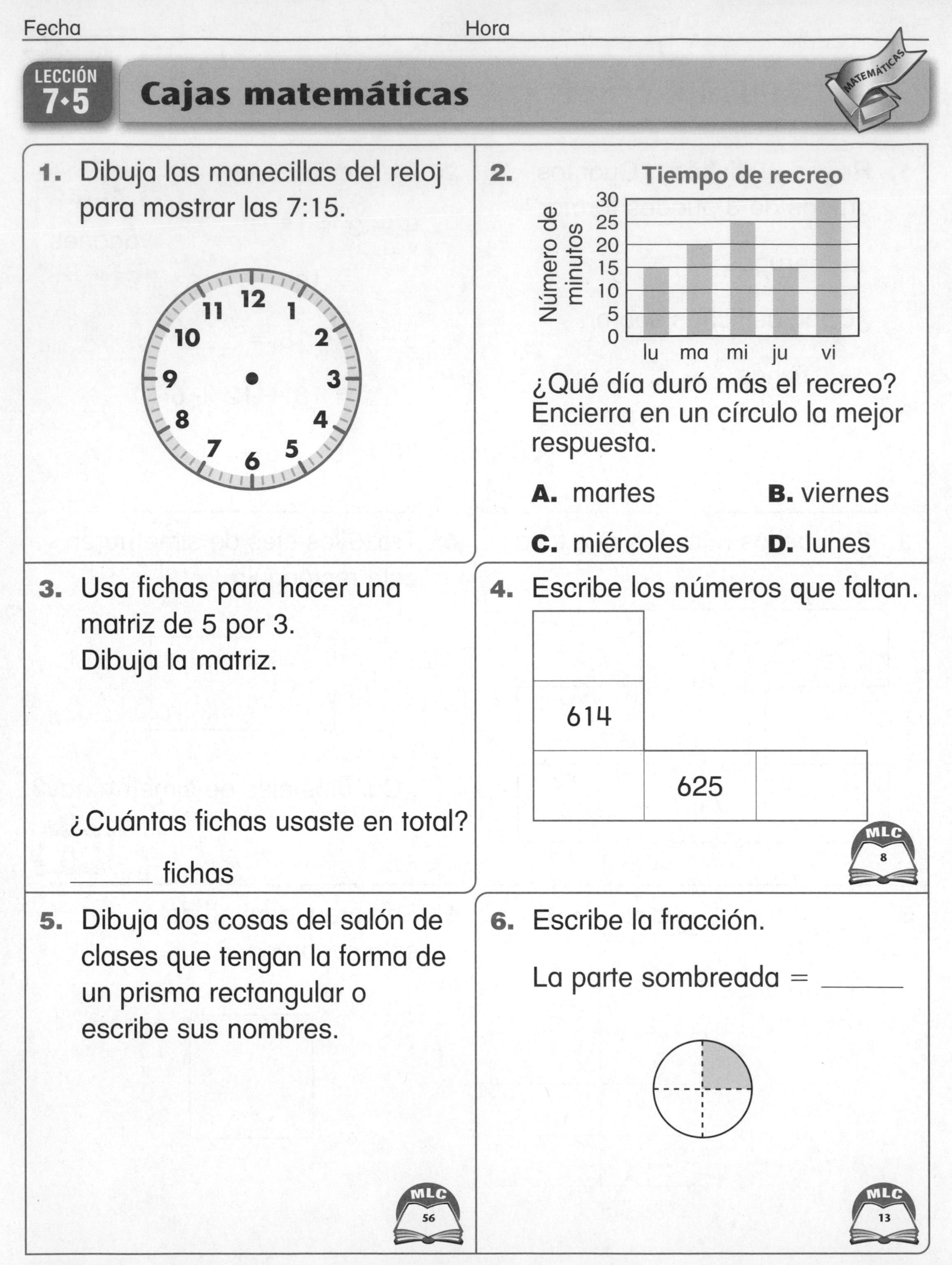

1. Dibuja las manecillas del reloj para mostrar las 7:15.

2. **Tiempo de recreo**

Número de minutos: 0, 5, 10, 15, 20, 25, 30

lu ma mi ju vi

¿Qué día duró más el recreo? Encierra en un círculo la mejor respuesta.

A. martes **B.** viernes

C. miércoles **D.** lunes

3. Usa fichas para hacer una matriz de 5 por 3. Dibuja la matriz.

¿Cuántas fichas usaste en total?

_____ fichas

4. Escribe los números que faltan.

614

625

MLC 8

5. Dibuja dos cosas del salón de clases que tengan la forma de un prisma rectangular o escribe sus nombres.

MLC 56

6. Escribe la fracción.

La parte sombreada = _____

MLC 13

LECCIÓN 7•6

Registro de nuestros saltos

medida del salto

Coloca un *penny* (o marca un punto con una tiza) donde caigan los talones de la persona que salta. Mide del punto de inicio a la marca que hiciste. Los saltos se miden al centímetro más cercano.

1. Anota dos de tus saltos. Mide los saltos al centímetro más cercano.

   Primer intento: ______ centímetros

   Segundo intento: ______ centímetros

2. Mi salto más largo fue de ______ centímetros.

3. El valor del medio de los saltos de nuestra clase

   es de ______ centímetros.

LECCIÓN 7•6

Registro de nuestras brazas

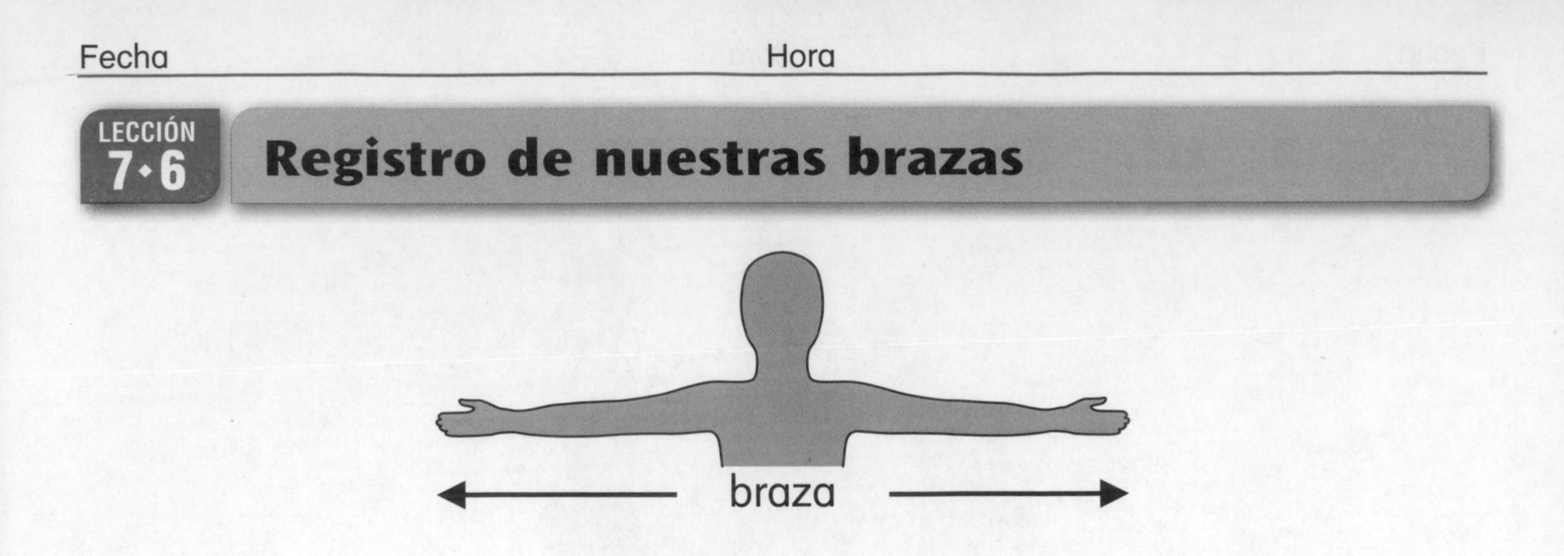

1. Mi braza es de ______ pulgadas.

2. El valor del medio (mediana) de las brazas de nuestra clase es de ______ pulgadas.

LECCIÓN 7•6

Cajas matemáticas

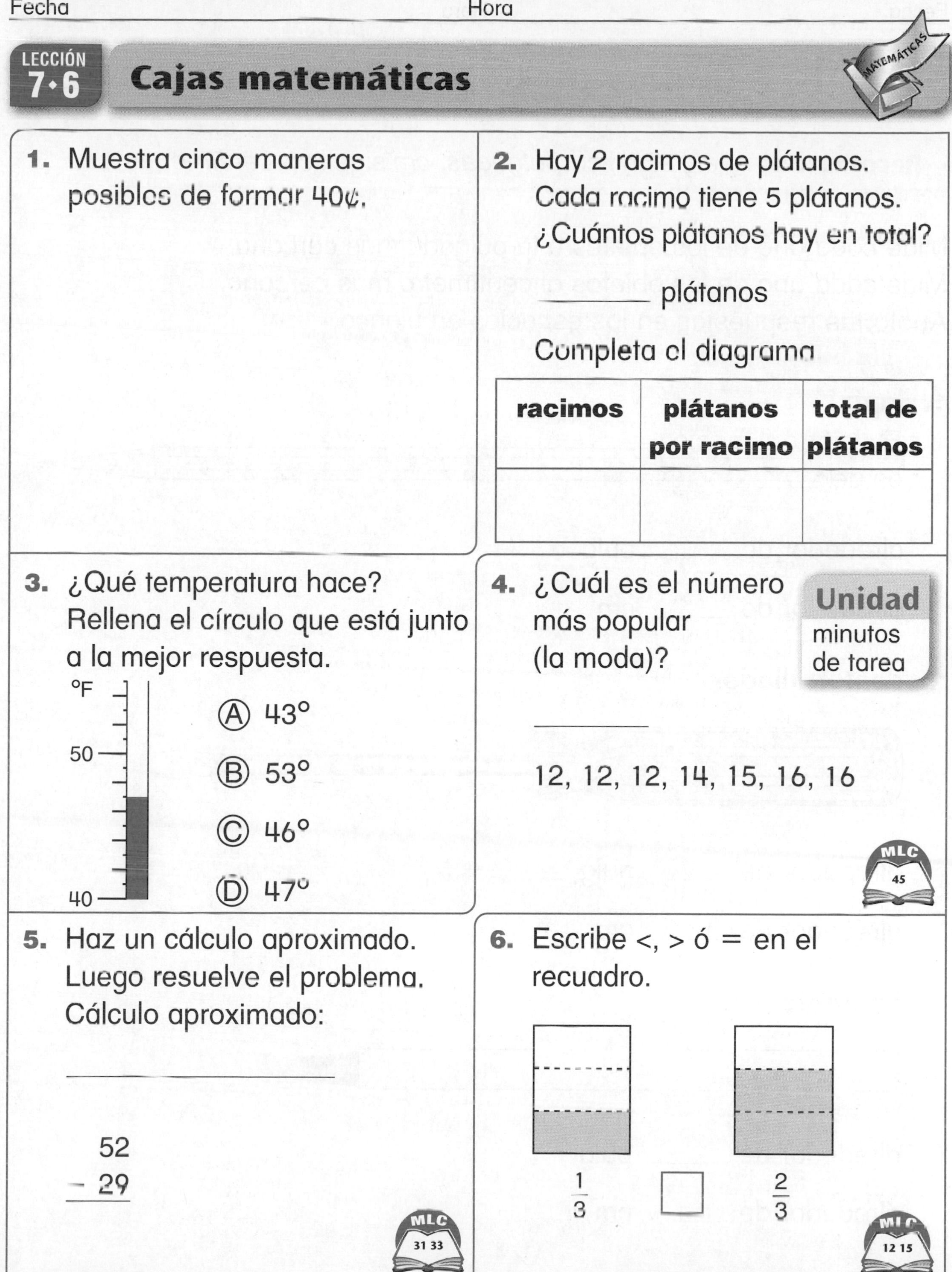

1. Muestra cinco maneras posibles de formar 40¢.

2. Hay 2 racimos de plátanos. Cada racimo tiene 5 plátanos. ¿Cuántos plátanos hay en total?

_____ plátanos

Completa el diagrama

racimos	plátanos por racimo	total de plátanos

3. ¿Qué temperatura hace? Rellena el círculo que está junto a la mejor respuesta.

Ⓐ 43°

Ⓑ 53°

Ⓒ 46°

Ⓓ 47°

4. ¿Cuál es el número más popular (la moda)?

Unidad
minutos de tarea

_____

12, 12, 12, 14, 15, 16, 16

MLC 45

5. Haz un cálculo aproximado. Luego resuelve el problema.
Cálculo aproximado:

_____

$$\begin{array}{r} 52 \\ -\ 29 \\ \hline \end{array}$$

MLC 31 33

6. Escribe <, > ó = en el recuadro.

$\frac{1}{3}$ ☐ $\frac{2}{3}$

MLC 12 15

Fecha _______________ Hora _______________

LECCIÓN 7•7

Longitud de los objetos

Recordatorio: *pulg* significa *pulgadas*; *cm* significa *centímetros*

Mide cada uno de los objetos a la pulgada más cercana.
Mide cada uno de los objetos al centímetro más cercano.
Anota tus respuestas en los espacios en blanco.

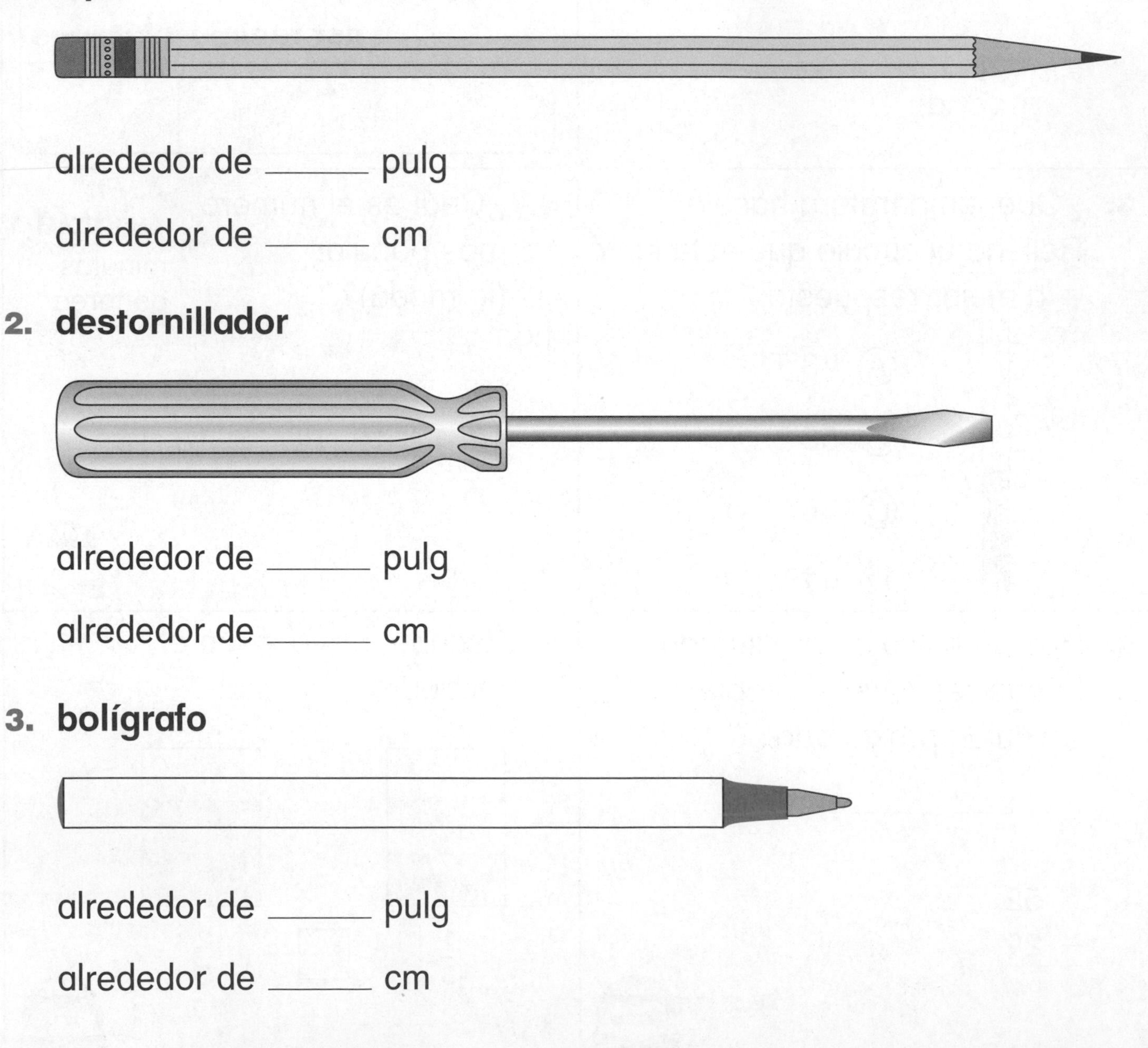

1. lápiz

alrededor de _____ pulg

alrededor de _____ cm

2. destornillador

alrededor de _____ pulg

alrededor de _____ cm

3. bolígrafo

alrededor de _____ pulg

alrededor de _____ cm

LECCIÓN 7•7

Longitud de los objetos, *cont.*

4. tornillo

alrededor de ______ pulg

alrededor de ______ cm

5. hoja de diente de león

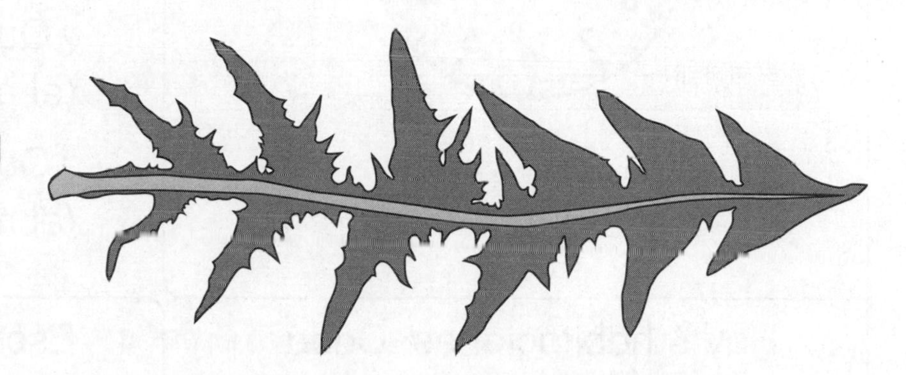

alrededor de ______ pulg

alrededor de ______ cm

6. Haz una lista de los objetos ordenándolos del más corto al más largo.

____

____

____

____

____

LECCIÓN 7•7

Cajas matemáticas

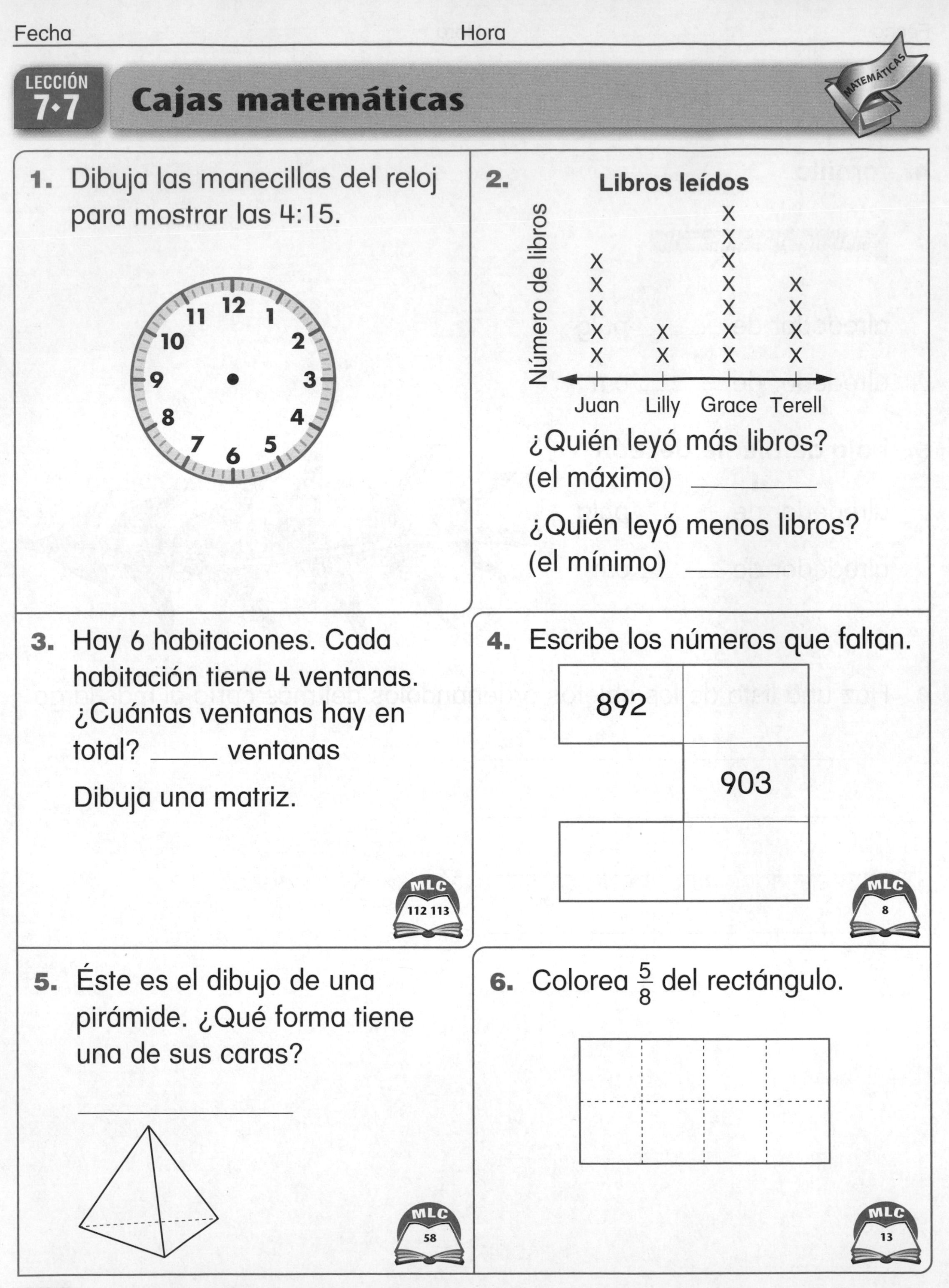

1. Dibuja las manecillas del reloj para mostrar las 4:15.

2. **Libros leídos**

	Juan	Lilly	Grace	Terell
Número de libros	X X X X X	X X	X X X X X X X	X X X X

¿Quién leyó más libros? (el máximo) ______

¿Quién leyó menos libros? (el mínimo) ______

3. Hay 6 habitaciones. Cada habitación tiene 4 ventanas. ¿Cuántas ventanas hay en total? _____ ventanas

Dibuja una matriz.

MLC 112 113

4. Escribe los números que faltan.

892	
	903

MLC 8

5. Éste es el dibujo de una pirámide. ¿Qué forma tiene una de sus caras?

____

MLC 58

6. Colorea $\frac{5}{8}$ del rectángulo.

MLC 13

LECCIÓN 7•8 Instrucciones para el juego *Rueda giratoria de fútbol*

Materiales
- *Originales para reproducción,* págs. 470 y 471
- ficha
- clip
- lápiz

Usa un lápiz y un clip para hacer una rueda giratoria.

Jugadores 2

Destreza Predecir resultados de sucesos

Objetivo del juego Comprobar la predicción hecha al comienzo del juego

Instrucciones

1. Los jugadores eligen una rueda giratoria para usar durante el juego.
2. Cada jugador elige un equipo al cual alentar, **Cuadros** o **Rayas.** (Los jugadores pueden alentar al mismo equipo.) Observan la rueda giratoria que eligieron y predicen qué equipo ganará el juego.
3. El juego comienza con la ficha en la mitad de la cancha de fútbol.
4. Los jugadores se turnan para hacer girar la rueda y mover la ficha un espacio hacia la portería que indica la rueda giratoria.
5. El juego termina cuando la ficha llega a una de las porterías.
6. Los jugadores comparan y comentan los resultados de sus predicciones. Jueguen dos partidos más usando las demás ruedas giratorias.

Seguimiento

1. ¿Qué rueda(s) giratoria(s) querrías usar si estuvieras alentando al equipo **Cuadros**? Explica tu respuesta.
2. ¿Qué rueda(s) giratoria(s) querrías usar si estuvieras alentando al equipo **Rayas**? Explica tu respuesta.

LECCIÓN 7•8

Tabla de nuestras brazas

Haz una tabla de las brazas de tus compañeros.

Nuestras brazas		
Brazas (en pulgadas)	Frecuencia	
	Marcas de conteo	Número
	Total =	

LECCIÓN 7•8

Gráfica de barras de nuestras brazas

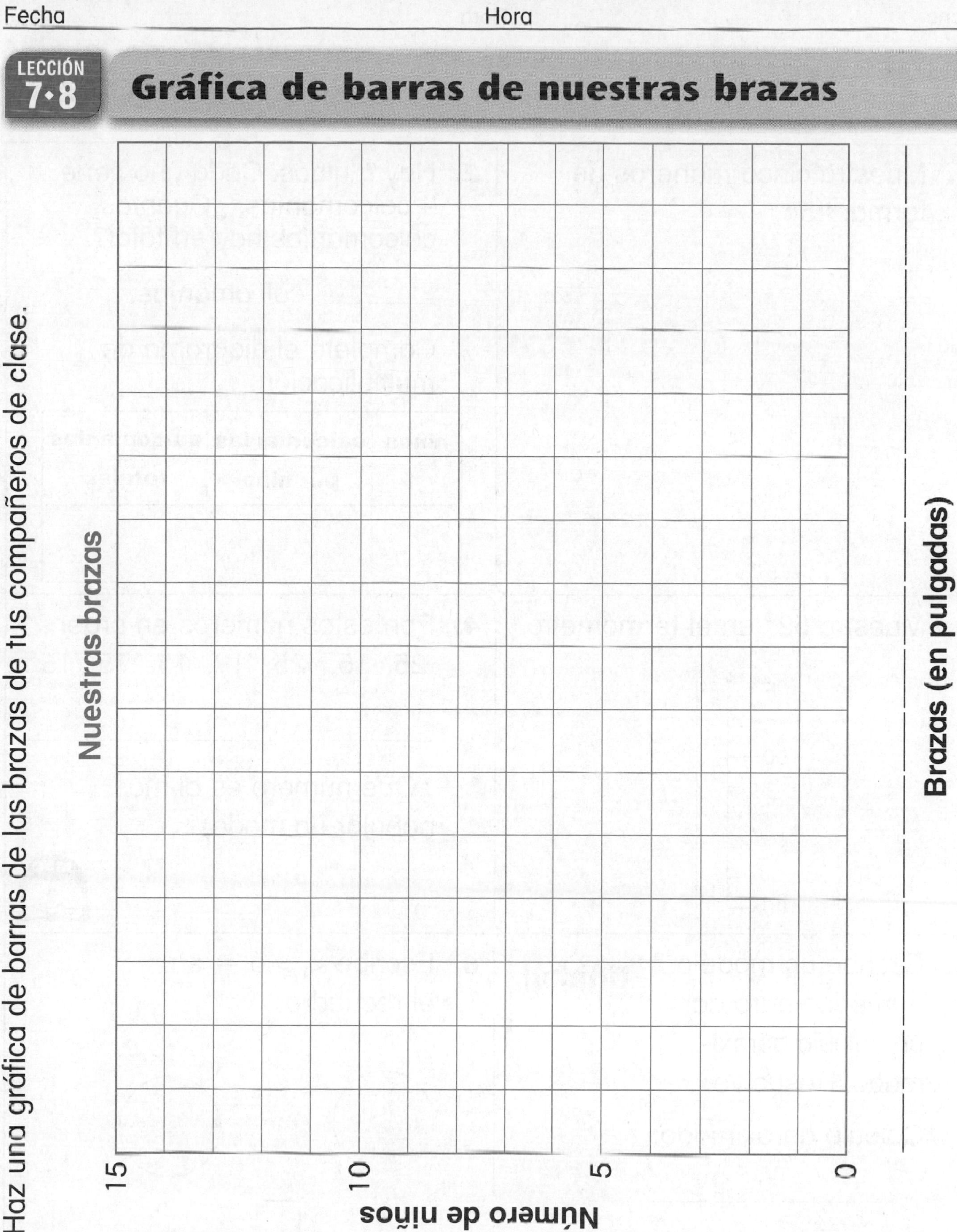

LECCIÓN 7•8

Cajas matemáticas

1. Muestra cinco maneras de formar 45¢.

2. Hay 6 niños. Cada uno tiene 4 calcomanías. ¿Cuántas calcomanías hay en total?

_______ calcomanías.

Completa el diagrama de multiplicación.

niños	calcomanías por niño	calcomanías totales

3. Muestra 52° en el termómetro.

°F

50

40

4. Pon estos números en orden.
25, 15, 25, 19, 15, 75, 15

____

¿Qué número es el más popular (la moda)?

____

MLC 45

5. Escribe un modelo numérico para dar un cálculo aproximado. Resuelve.

Unidad

Cálculo aproximado:

____

$$\begin{array}{r} 47 \\ -\ 31 \\ \hline \end{array}$$

MLC 31 33

6. Escribe <, > ó = en el recuadro.

$\frac{1}{2}$ ☐ $\frac{2}{4}$

MLC 12 15

Fecha Hora

LECCIÓN 7•9

Cajas matemáticas

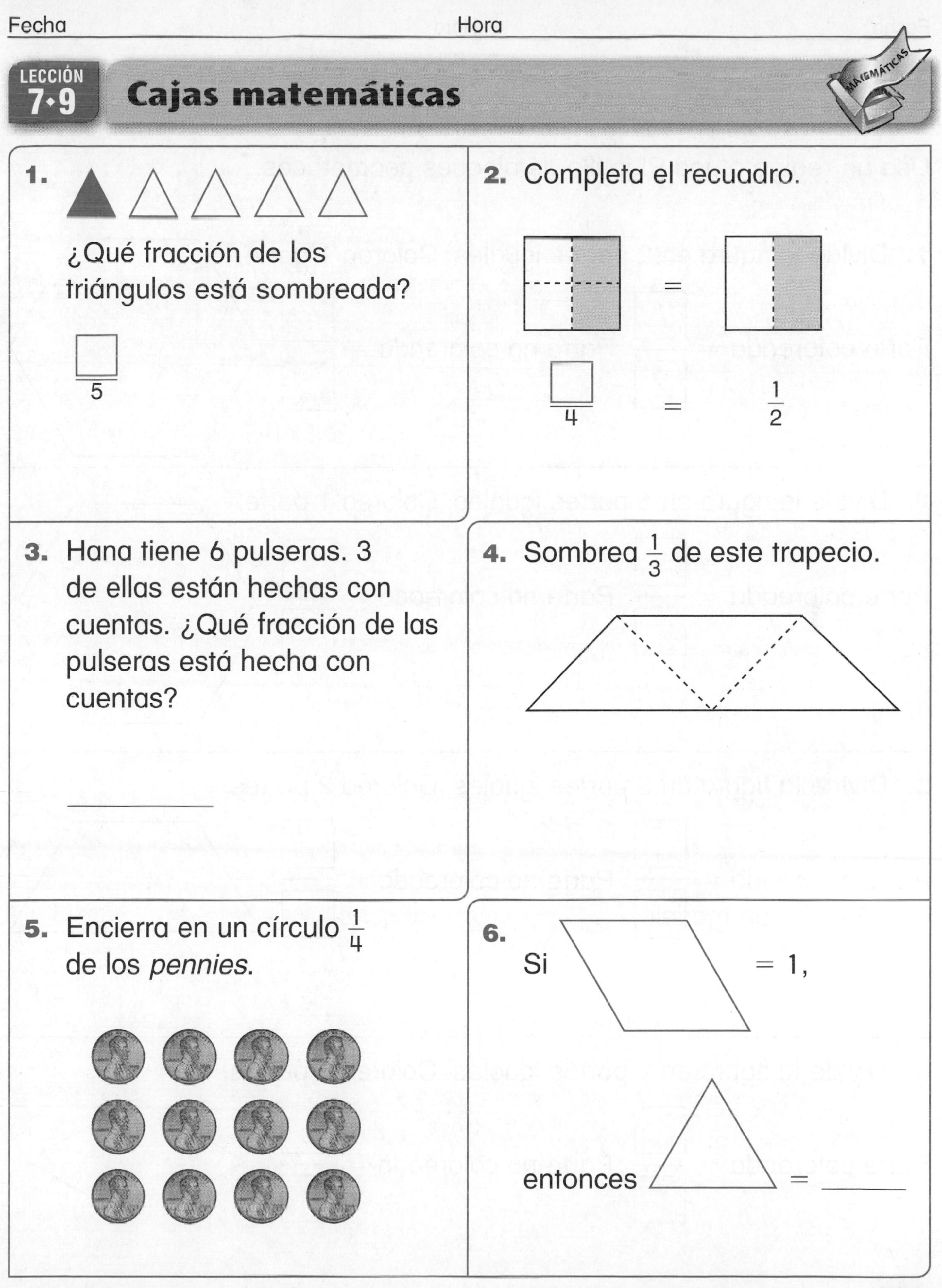

1. ¿Qué fracción de los triángulos está sombreada?

$\frac{\square}{5}$

2. Completa el recuadro.

$\frac{\square}{4} = \frac{1}{2}$

3. Hana tiene 6 pulseras. 3 de ellas están hechas con cuentas. ¿Qué fracción de las pulseras está hecha con cuentas?

____

4. Sombrea $\frac{1}{3}$ de este trapecio.

5. Encierra en un círculo $\frac{1}{4}$ de los *pennies*.

6. Si [rombo] = 1,

entonces [triángulo] = ______

LECCIÓN 8•1 Partes iguales

Usa un reglón o una Plantilla de bloques geométricos.

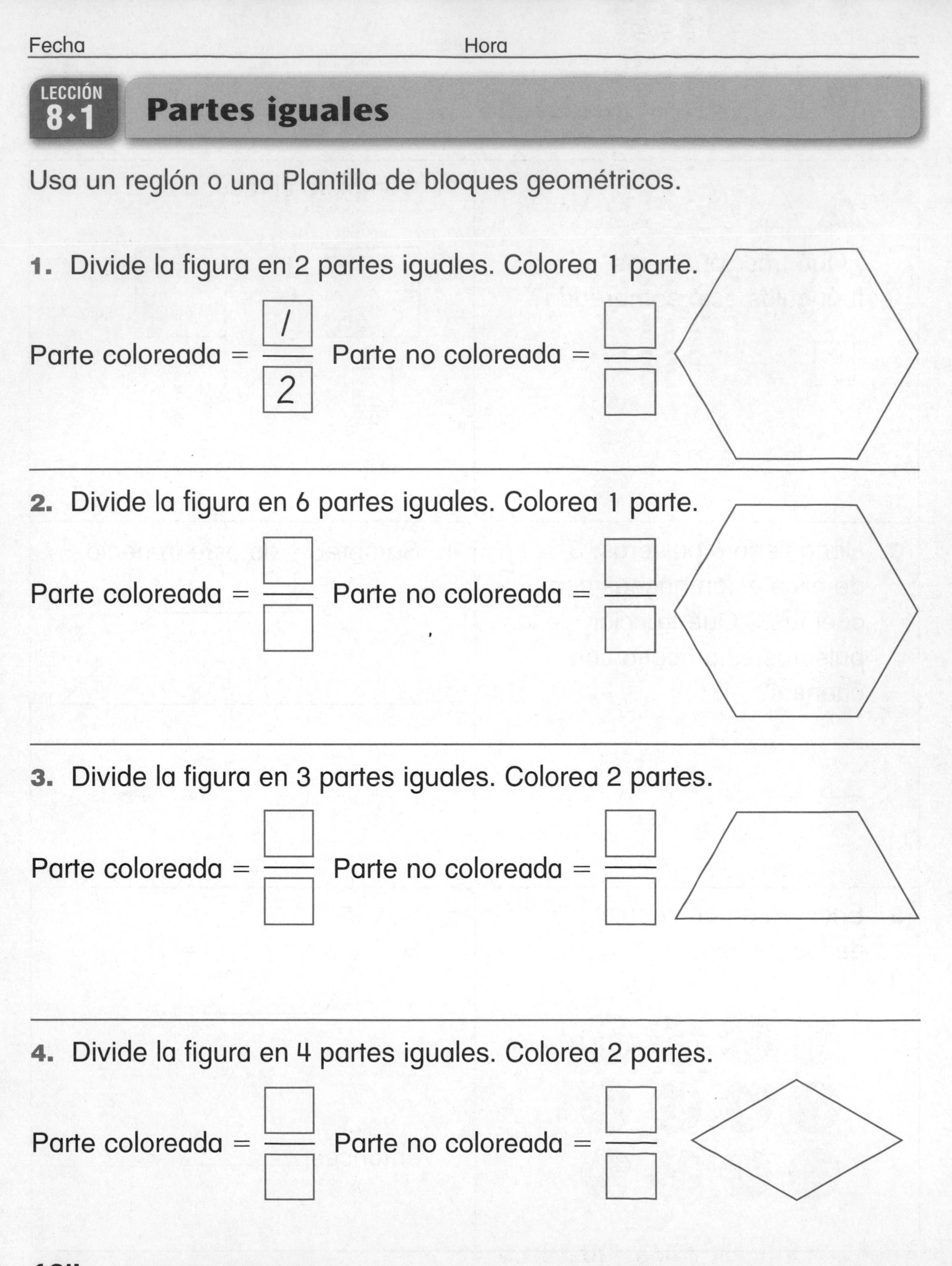

1. Divide la figura en 2 partes iguales. Colorea 1 parte.

Parte coloreada = $\frac{1}{2}$ Parte no coloreada = $\frac{\square}{\square}$

2. Divide la figura en 6 partes iguales. Colorea 1 parte.

Parte coloreada = $\frac{\square}{\square}$ Parte no coloreada = $\frac{\square}{\square}$

3. Divide la figura en 3 partes iguales. Colorea 2 partes.

Parte coloreada = $\frac{\square}{\square}$ Parte no coloreada = $\frac{\square}{\square}$

4. Divide la figura en 4 partes iguales. Colorea 2 partes.

Parte coloreada = $\frac{\square}{\square}$ Parte no coloreada = $\frac{\square}{\square}$

LECCIÓN 8•1

Vestirse para ir a la escuela

Jerome está decidiendo qué ponerse hoy para ir a la escuela. Tiene una camisa roja, una camisa azul y una camisa verde. Tiene un par de pantalones negros, un par de pantalones amarillos y un par de pantalones anaranjados. ¿Cuántos conjuntos diferentes puede formar Jerome? Colorea las figuras de abajo para mostrar las combinaciones posibles de camisa y pantalón que Jerome podría vestir.

¿Cuántos conjuntos posibles puede formar Jerome? ____________

LECCIÓN 8•1

Cajas matemáticas

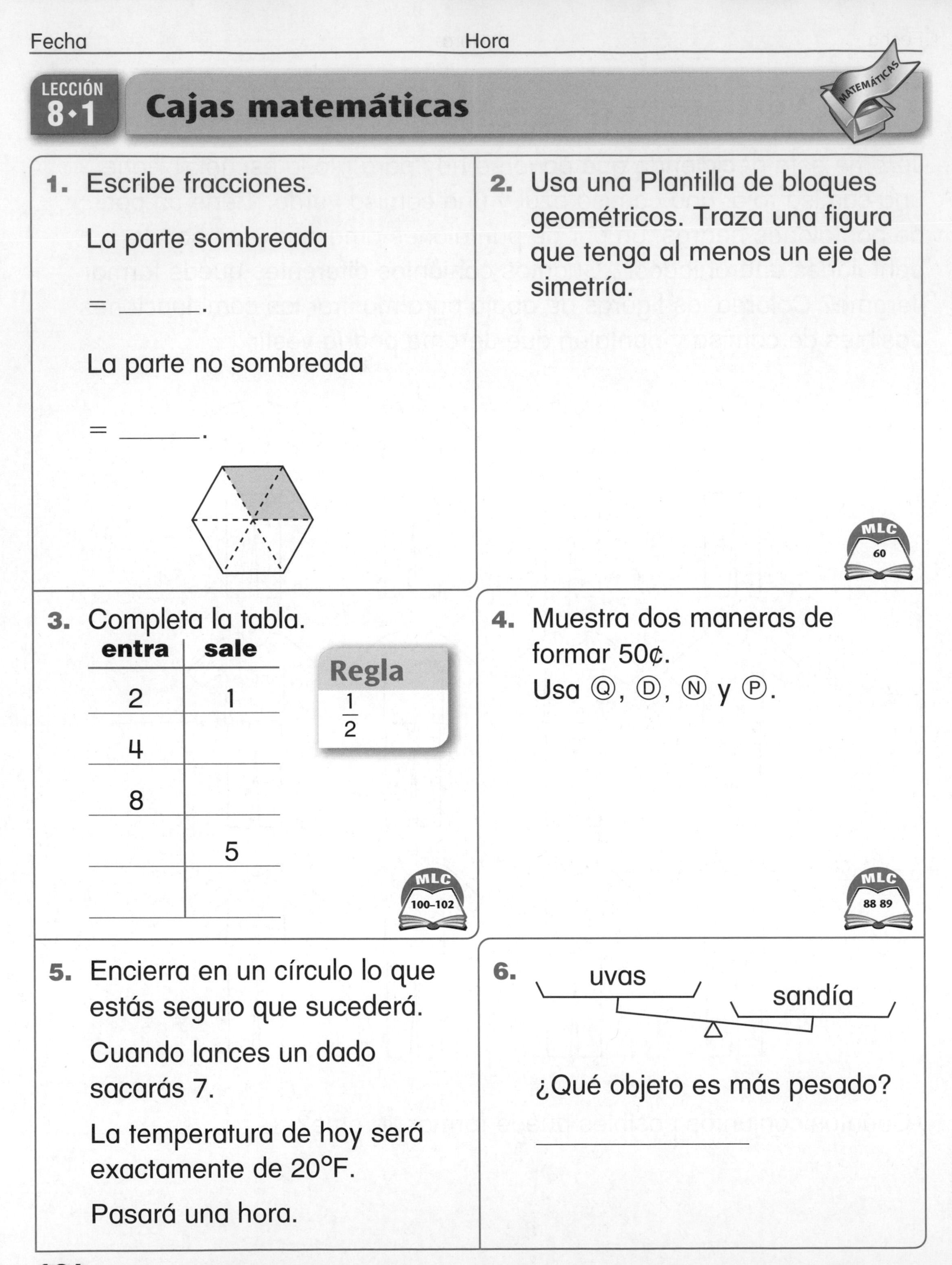

1. Escribe fracciones.

La parte sombreada

= ______.

La parte no sombreada

= ______.

2. Usa una Plantilla de bloques geométricos. Traza una figura que tenga al menos un eje de simetría.

MLC 60

3. Completa la tabla.

entra	sale
2	1
4	
8	
	5

Regla: $\frac{1}{2}$

MLC 100–102

4. Muestra dos maneras de formar 50¢.
Usa Ⓠ, Ⓓ, Ⓝ y Ⓟ.

MLC 88 89

5. Encierra en un círculo lo que estás seguro que sucederá.

Cuando lances un dado sacarás 7.

La temperatura de hoy será exactamente de 20°F.

Pasará una hora.

6.

¿Qué objeto es más pesado?

____

LECCIÓN 8•2

Fracciones de bloques geométricos

Usa bloques geométricos como ayuda para resolver cada problema.

Usa tu Plantilla de bloques geométricos para mostrar lo que hiciste.

Ejemplo:

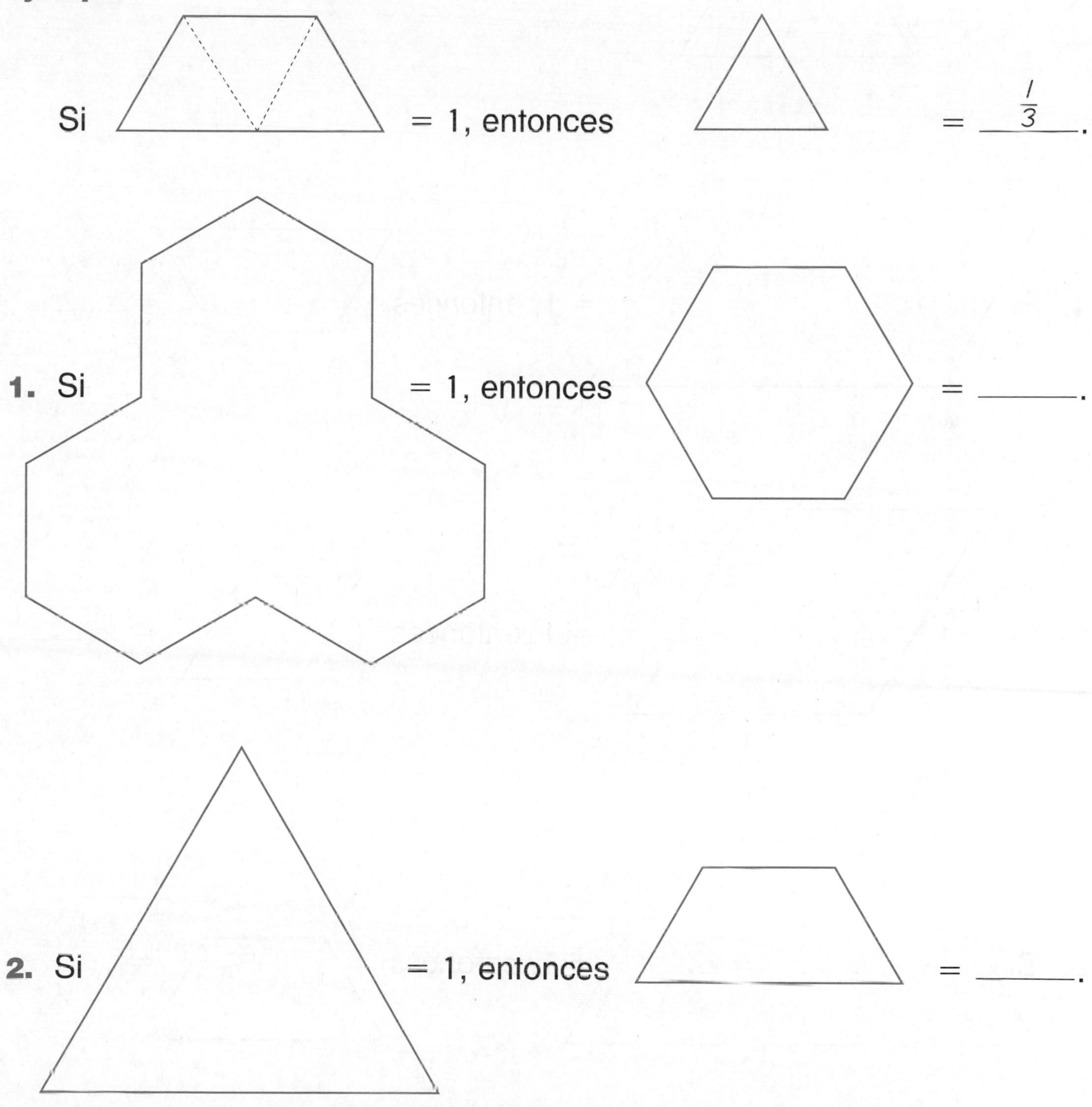

Si [trapecio] = 1, entonces [triángulo] = $\frac{1}{3}$.

1. Si [figura] = 1, entonces [hexágono] = ______.

2. Si [triángulo] = 1, entonces [trapecio] = ______.

LECCIÓN 8•2

Fracciones de bloques geométricos, *cont.*

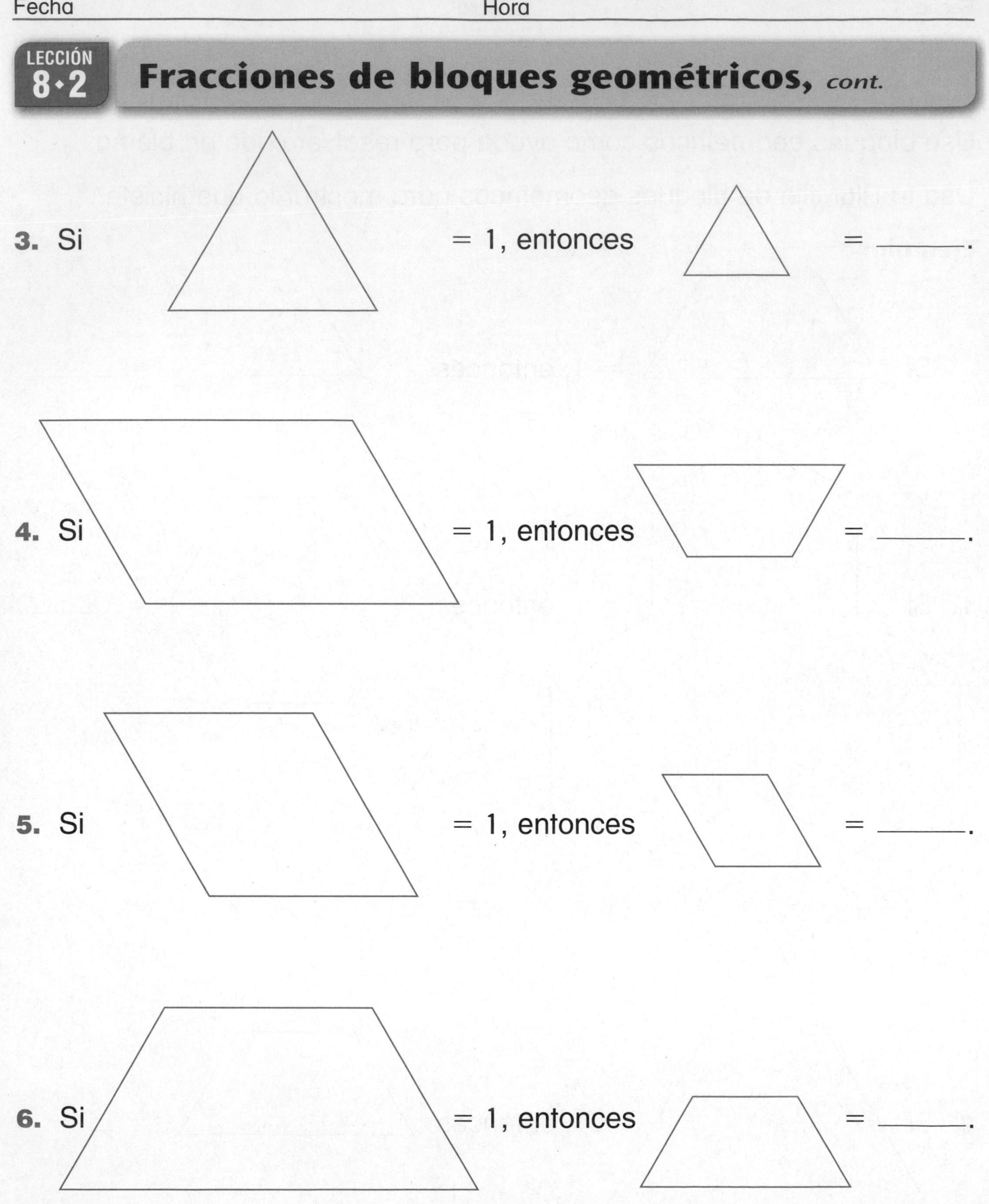

3. Si = 1, entonces = ______.

4. Si = 1, entonces = ______.

5. Si = 1, entonces = ______.

6. Si = 1, entonces = ______.

Fecha Hora

LECCIÓN 8•2

Cercas de geoplanos

1.

2.

3.

4.

Cerca	¿Cuántas clavijas hay en total?	¿Cuántas filas de clavijas hay?	¿Cuántas clavijas hay en cada fila?
1.			
2.			
3.			
4.			

LECCIÓN 8•2

Cajas matemáticas

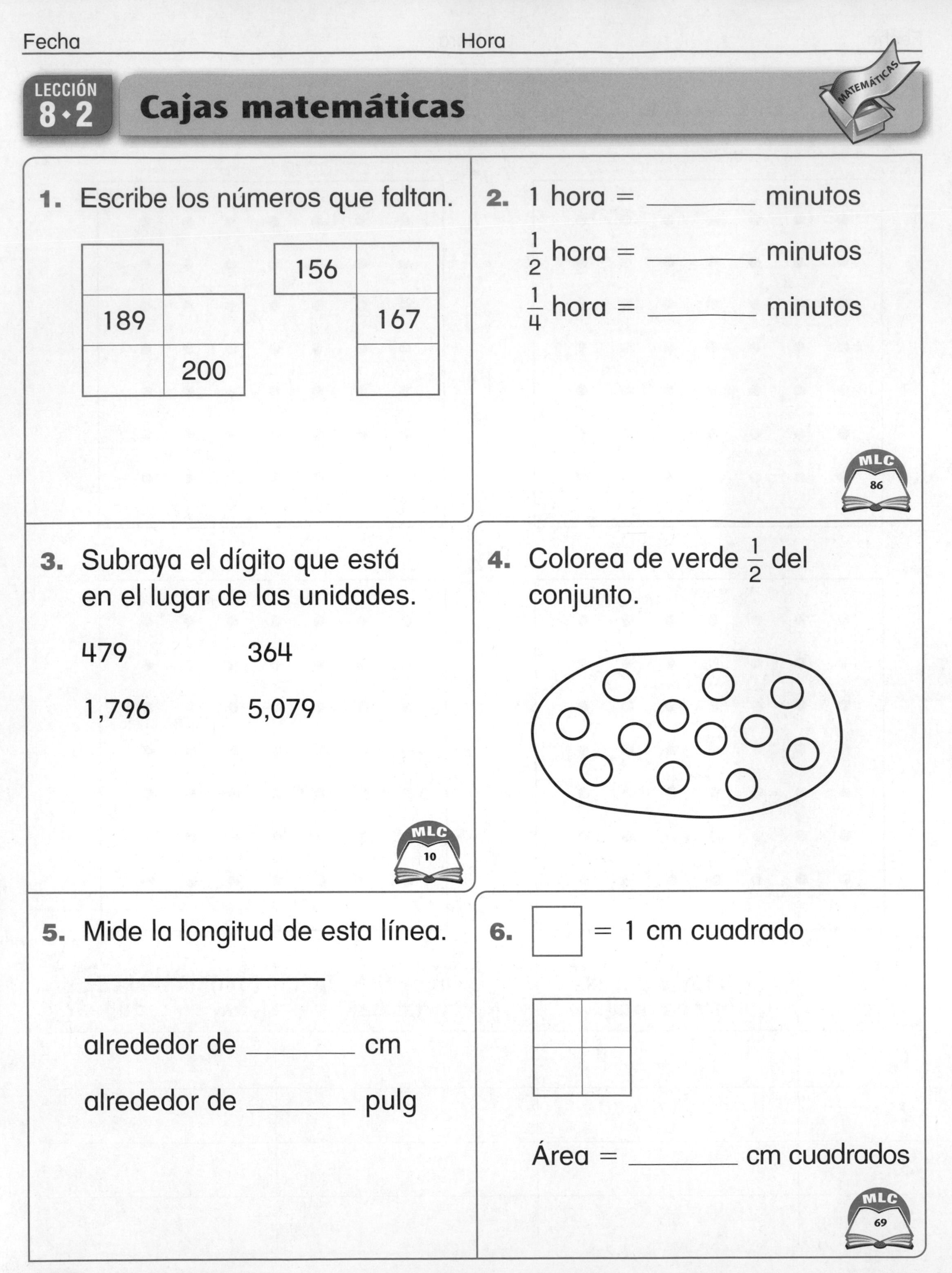

1. Escribe los números que faltan.

189	
	200

156	
	167

2. 1 hora = ________ minutos

$\frac{1}{2}$ hora = ________ minutos

$\frac{1}{4}$ hora = ________ minutos

MLC 86

3. Subraya el dígito que está en el lugar de las unidades.

479 364

1,796 5,079

MLC 10

4. Colorea de verde $\frac{1}{2}$ del conjunto.

5. Mide la longitud de esta línea.

alrededor de ________ cm

alrededor de ________ pulg

6. ☐ = 1 cm cuadrado

Área = ________ cm cuadrados

MLC 69

Fecha Hora

LECCIÓN 8·3

Porciones iguales

Usa *pennies* como ayuda para resolver los problemas.

Encierra en un círculo la porción de cada persona.

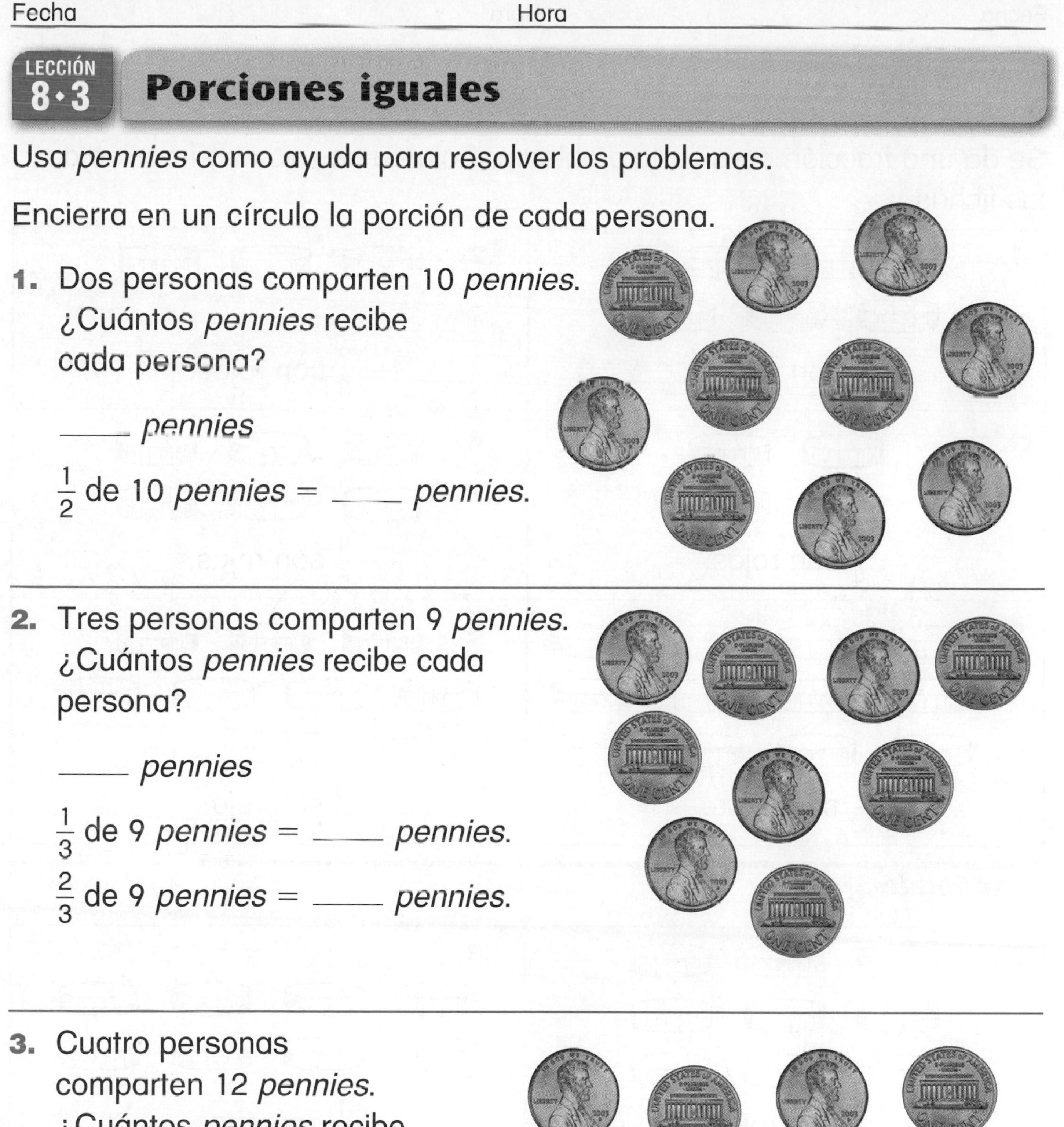

1. Dos personas comparten 10 *pennies*. ¿Cuántos *pennies* recibe cada persona?

_____ *pennies*

$\frac{1}{2}$ de 10 *pennies* = _____ *pennies*.

2. Tres personas comparten 9 *pennies*. ¿Cuántos *pennies* recibe cada persona?

_____ *pennies*

$\frac{1}{3}$ de 9 *pennies* = _____ *pennies*.

$\frac{2}{3}$ de 9 *pennies* = _____ *pennies*.

3. Cuatro personas comparten 12 *pennies*. ¿Cuántos *pennies* recibe cada persona?

_____ *pennies*

$\frac{1}{4}$ de 12 *pennies* = _____ *pennies*.

$\frac{3}{4}$ de 12 *pennies* = _____ *pennies*.

Fecha Hora

LECCIÓN 8•3

Fracciones de conjuntos

Se da una fracción para cada problema. Colorea de rojo esa fracción de las fichas.

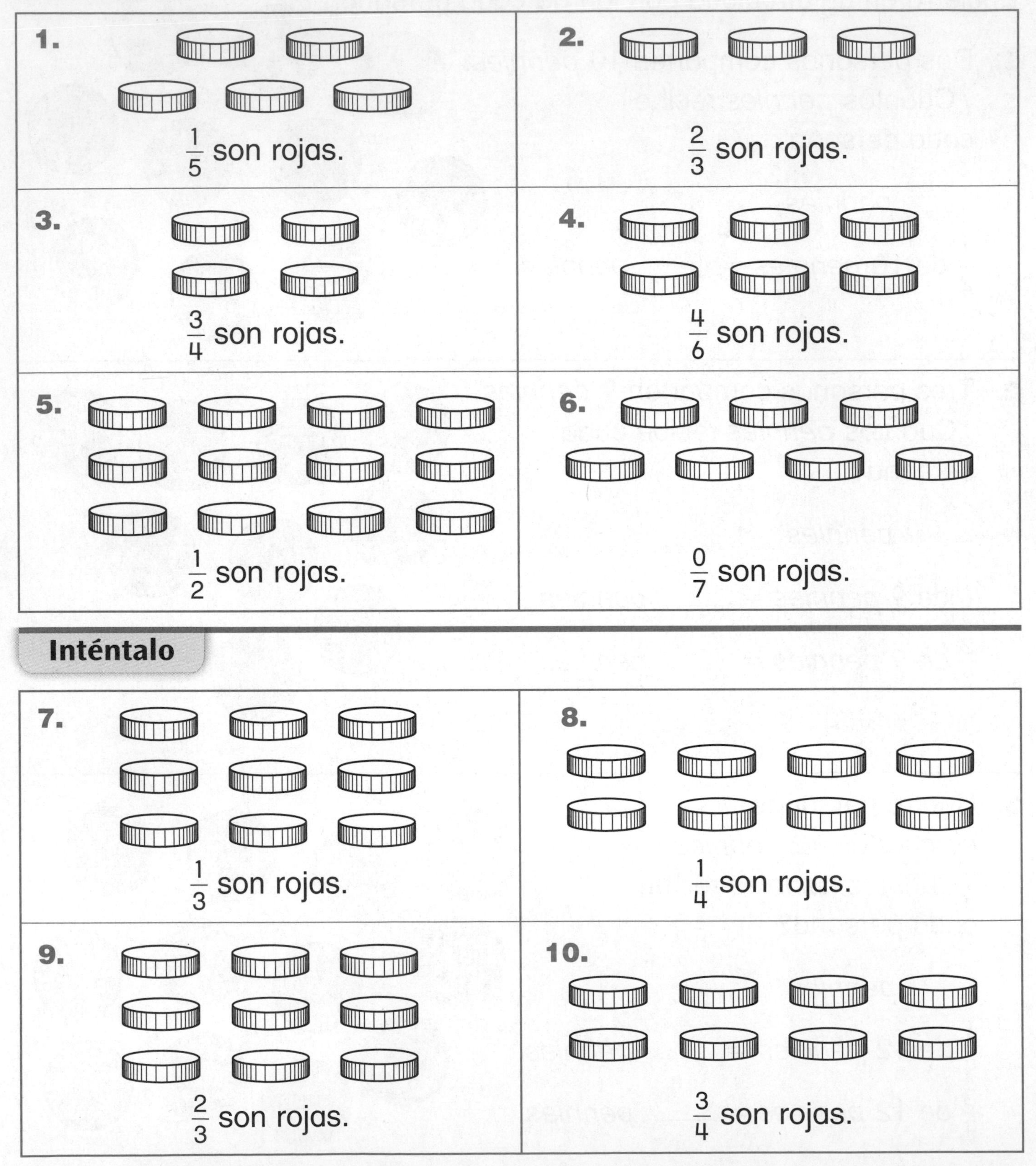

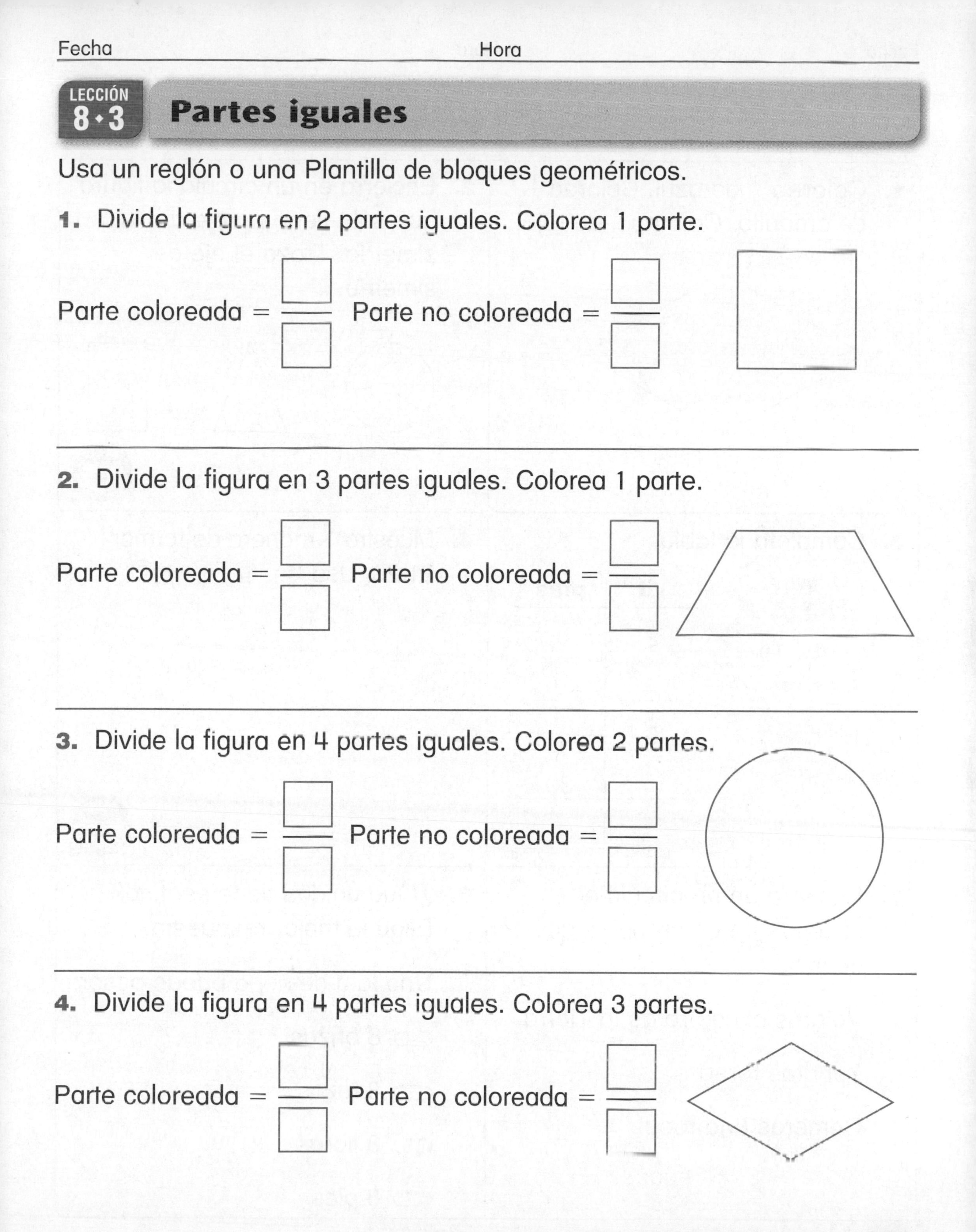

Fecha Hora

LECCIÓN 8•3

Partes iguales

Usa un reglón o una Plantilla de bloques geométricos.

1. Divide la figura en 2 partes iguales. Colorea 1 parte.

Parte coloreada = $\frac{\square}{\square}$ Parte no coloreada = $\frac{\square}{\square}$

2. Divide la figura en 3 partes iguales. Colorea 1 parte.

Parte coloreada = $\frac{\square}{\square}$ Parte no coloreada = $\frac{\square}{\square}$

3. Divide la figura en 4 partes iguales. Colorea 2 partes.

Parte coloreada = $\frac{\square}{\square}$ Parte no coloreada = $\frac{\square}{\square}$

4. Divide la figura en 4 partes iguales. Colorea 3 partes.

Parte coloreada = $\frac{\square}{\square}$ Parte no coloreada = $\frac{\square}{\square}$

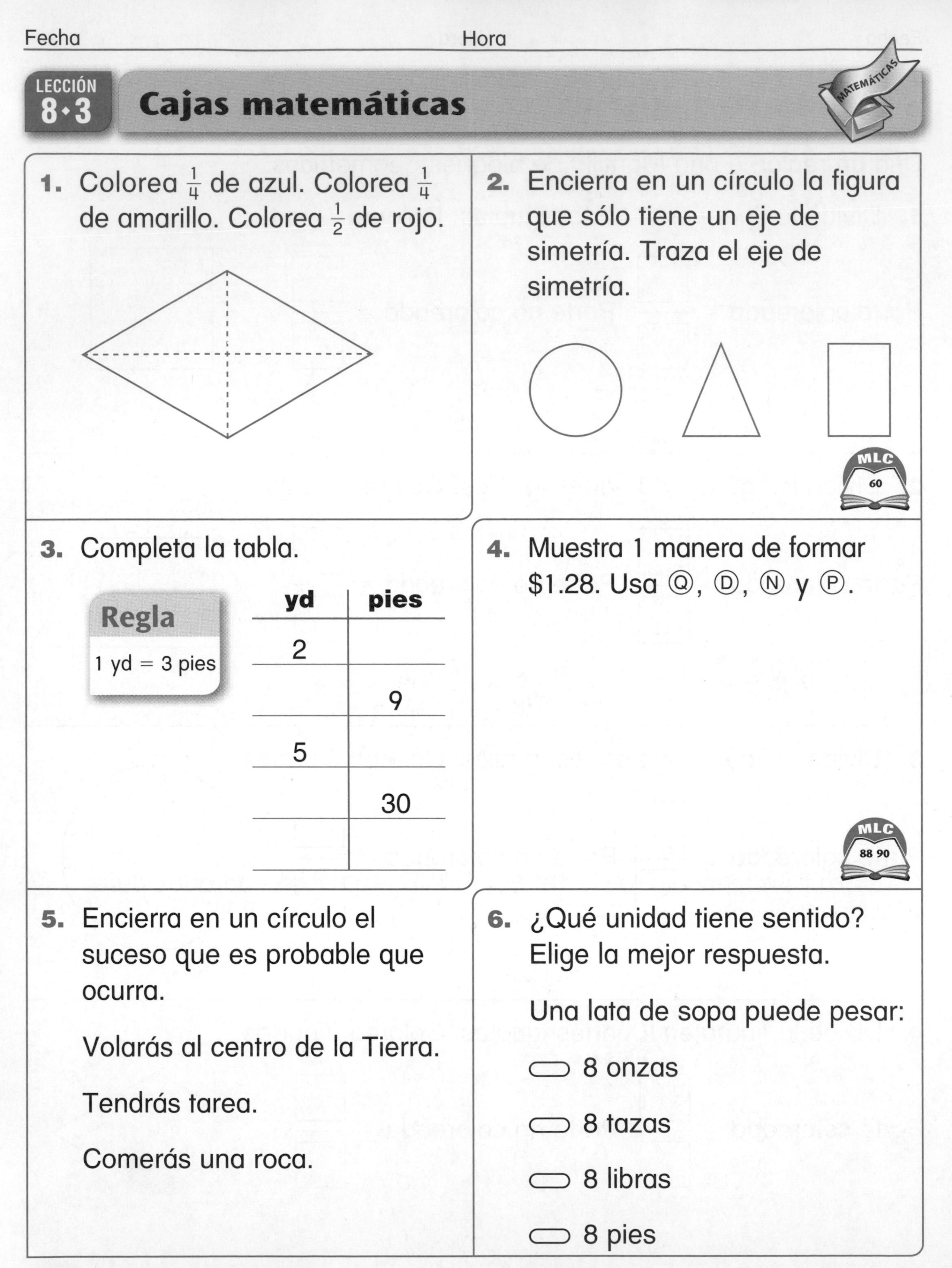

LECCIÓN 8•3

Cajas matemáticas

1. Colorea $\frac{1}{4}$ de azul. Colorea $\frac{1}{4}$ de amarillo. Colorea $\frac{1}{2}$ de rojo.

2. Encierra en un círculo la figura que sólo tiene un eje de simetría. Traza el eje de simetría.

MLC 60

3. Completa la tabla.

Regla
1 yd = 3 pies

yd	pies
2	
	9
5	
	30

4. Muestra 1 manera de formar \$1.28. Usa Ⓠ, Ⓓ, Ⓝ y Ⓟ.

MLC 88 90

5. Encierra en un círculo el suceso que es probable que ocurra.

Volarás al centro de la Tierra.

Tendrás tarea.

Comerás una roca.

6. ¿Qué unidad tiene sentido? Elige la mejor respuesta.

Una lata de sopa puede pesar:

- ⬭ 8 onzas
- ⬭ 8 tazas
- ⬭ 8 libras
- ⬭ 8 pies

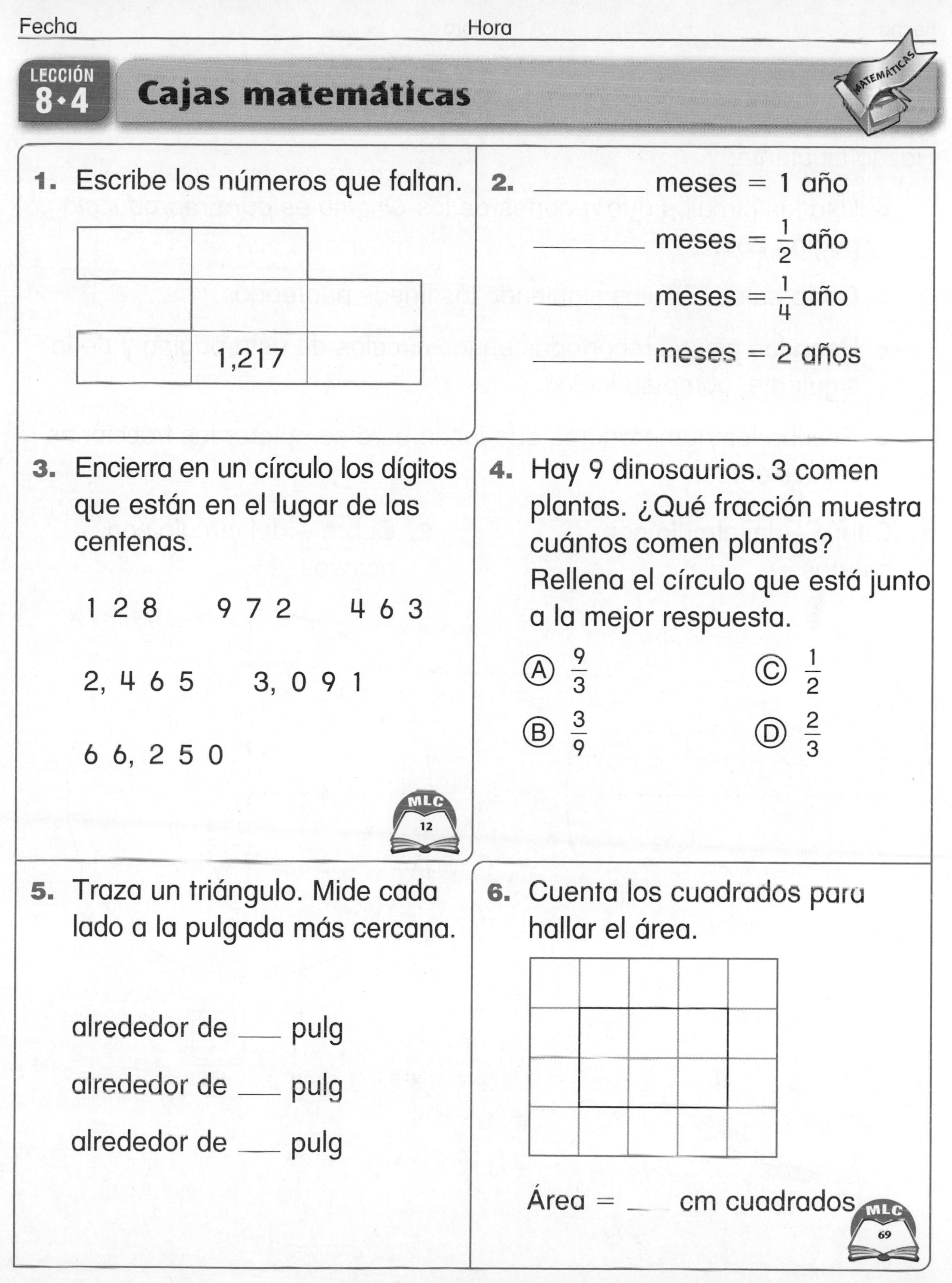

LECCIÓN 8•4

Cajas matemáticas

1. Escribe los números que faltan.

	1,217	

2. ______ meses = 1 año

______ meses = $\frac{1}{2}$ año

______ meses = $\frac{1}{4}$ año

______ meses = 2 años

3. Encierra en un círculo los dígitos que están en el lugar de las centenas.

1 2 8 9 7 2 4 6 3

2, 4 6 5 3, 0 9 1

6 6, 2 5 0

MLC 12

4. Hay 9 dinosaurios. 3 comen plantas. ¿Qué fracción muestra cuántos comen plantas? Rellena el círculo que está junto a la mejor respuesta.

Ⓐ $\frac{9}{3}$ Ⓒ $\frac{1}{2}$

Ⓑ $\frac{3}{9}$ Ⓓ $\frac{2}{3}$

5. Traza un triángulo. Mide cada lado a la pulgada más cercana.

alrededor de ___ pulg

alrededor de ___ pulg

alrededor de ___ pulg

6. Cuenta los cuadrados para hallar el área.

Área = ___ cm cuadrados

MLC 69

Fecha Hora

LECCIÓN 8·4

Fracciones equivalentes

Haz lo siguiente:

- Usa los círculos que recortes de los *Originales para reproducción,* página 239.
- Corta estos círculos siguiendo las líneas punteadas.
- Pega las piezas recortadas en los círculos de esta página y de la siguiente, como se indica.
- Escribe los numeradores que faltan para completar las fracciones equivalentes.

1. Cubre $\frac{1}{2}$ del círculo con cuartos.

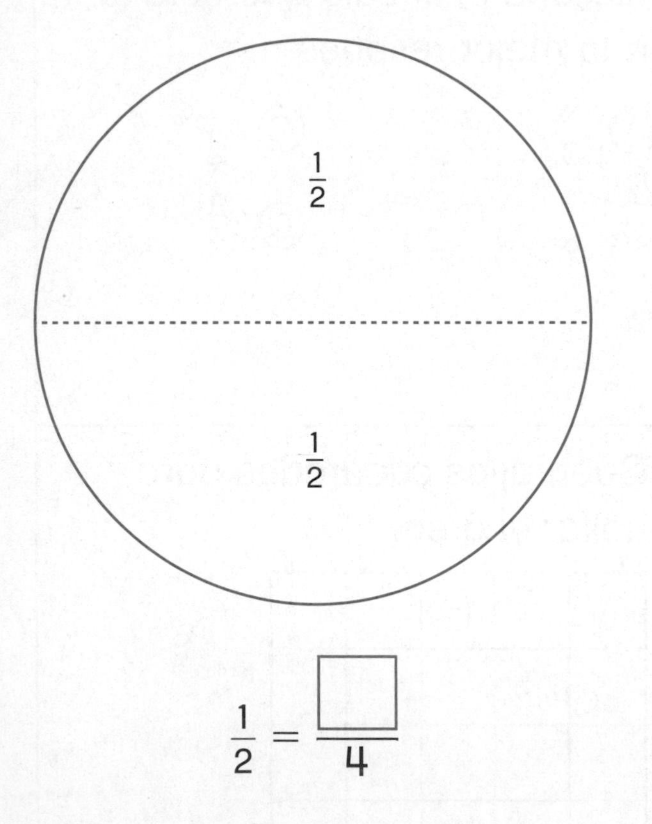

$\frac{1}{2} = \frac{\square}{4}$

2. Cubre $\frac{1}{4}$ del círculo con octavos.

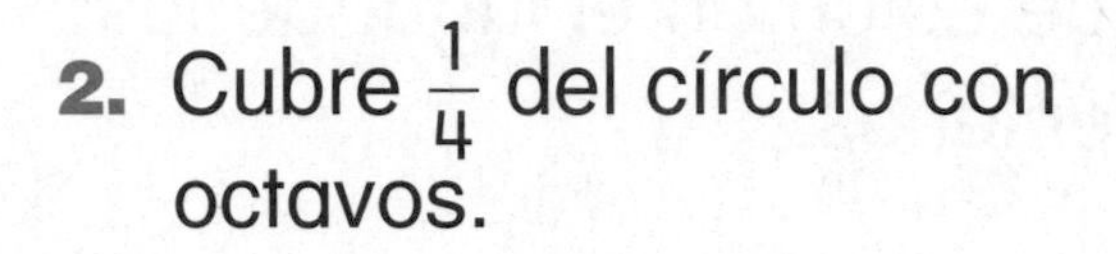

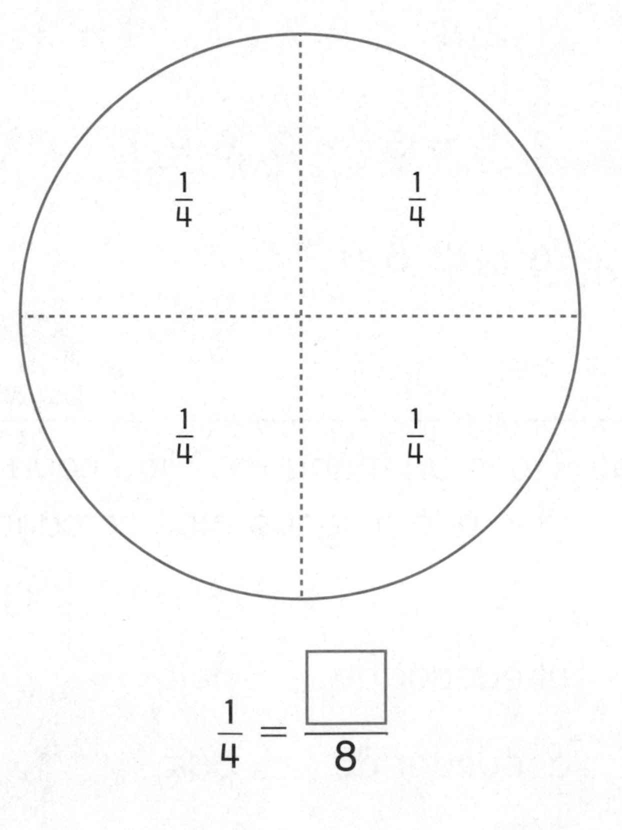

$\frac{1}{4} = \frac{\square}{8}$

LECCIÓN 8•4

Fracciones equivalentes, *cont.*

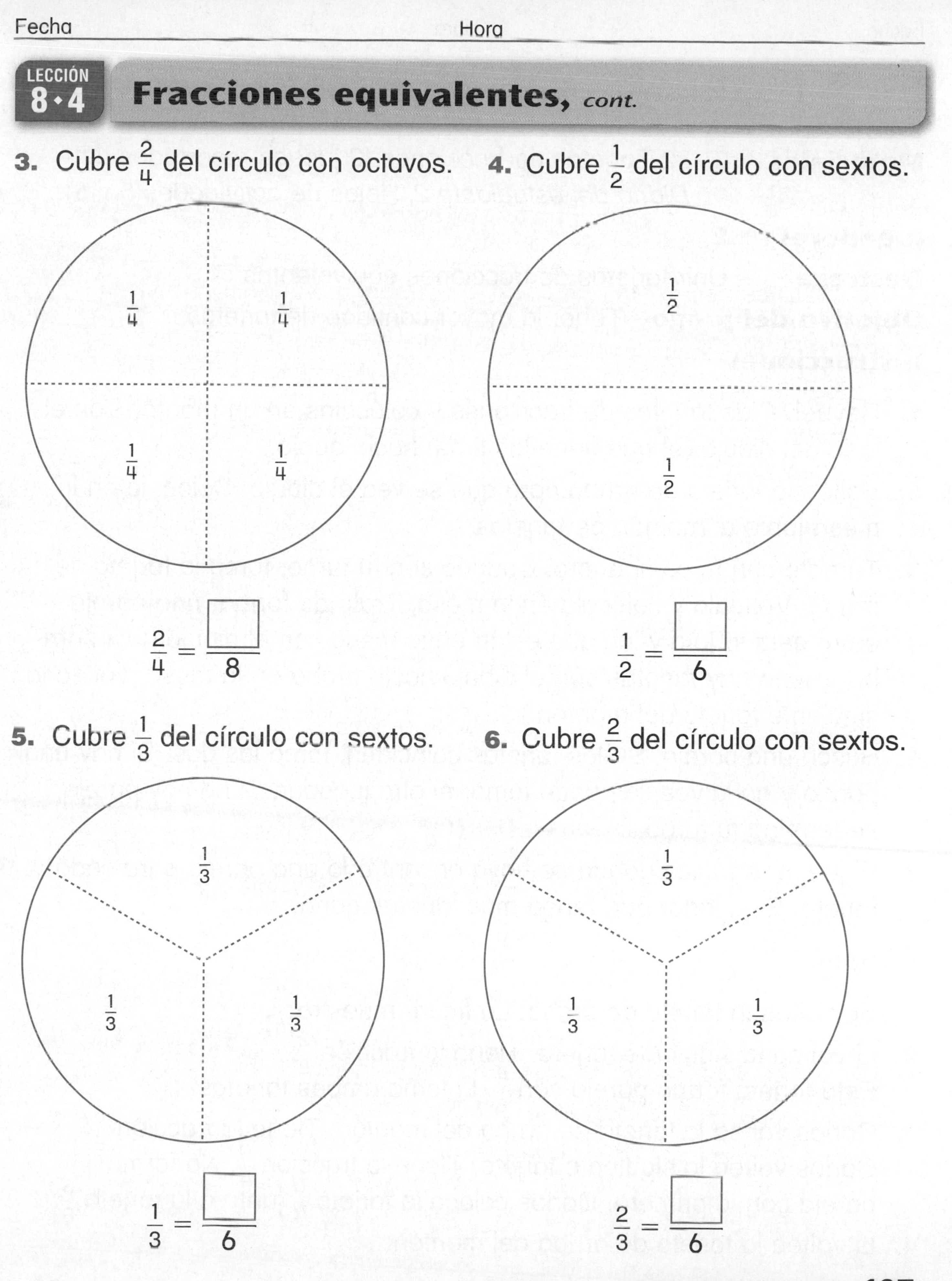

3. Cubre $\frac{2}{4}$ del círculo con octavos.

$\frac{2}{4} = \frac{\square}{8}$

4. Cubre $\frac{1}{2}$ del círculo con sextos.

$\frac{1}{2} = \frac{\square}{6}$

5. Cubre $\frac{1}{3}$ del círculo con sextos.

$\frac{1}{3} = \frac{\square}{6}$

6. Cubre $\frac{2}{3}$ del círculo con sextos.

$\frac{2}{3} = \frac{\square}{6}$

LECCIÓN 8•5

Instrucciones para el *Juego de fracciones equivalentes*

Materiales ☐ 32 Tarjetas de fracciones (2 juegos recortados del *Diario del estudiante 2,* Hojas de actividades 5 y 6)

Jugadores 2

Destreza Unir tarjetas de fracciones equivalentes

Objetivo del juego Tener la mayor cantidad de tarjetas

Instrucciones

1. Revuelve las tarjetas de fracciones y colócalas en un montón con el lado del dibujo (el que tiene las tiras) hacia abajo.
2. Voltea la tarjeta de arriba para que se vea el dibujo. Colócala en la mesa junto al montón de tarjetas.
3. Túrnate con tu compañero. Cuando sea tu turno, toma la tarjeta de arriba. Voltéala y colócala en la mesa. Trata de formar una pareja entre esta tarjeta y las que están en la mesa con el dibujo hacia arriba. (Si no hay tarjetas con el dibujo hacia arriba en la mesa, voltea la siguiente tarjeta del montón.)
4. Busca una pareja. Si dos tarjetas coinciden, toma las dos. Si hay una pareja y no la ves, la puede tomar el otro jugador. Si no hay pareja, se termina tu turno.
5. El juego termina cuando se haya encontrado una pareja para cada tarjeta. El jugador que tenga más tarjetas gana.

Ejemplo:

1. Se voltea la tarjeta de arriba. La figura muestra $\frac{4}{6}$.
2. Li voltea la siguiente tarjeta. Tiene la fracción $\frac{2}{3}$. Esta tarjeta forma pareja con $\frac{4}{6}$. Li toma ambas tarjetas.
3. Carlos voltea la tarjeta de arriba del montón. Tiene la fracción $\frac{6}{8}$. Carlos voltea la siguiente tarjeta. Tiene la fracción $\frac{0}{4}$. No forma pareja con la primera. Carlos coloca la tarjeta $\frac{0}{4}$ junto a la tarjeta $\frac{6}{8}$.
4. Li voltea la tarjeta de arriba del montón.

LECCIÓN 8·5

Instrucciones para el *Juego de fracciones equivalentes*, *cont.*

Otra versión

1. Revuelve las tarjetas de fracciones y colócalas en un montón con el dibujo hacia abajo.
2. Voltea la tarjeta de arriba para que se vea el dibujo. Colócala sobre la mesa con el dibujo hacia arriba.
3. Los jugadores se turnan. Cuando sea tu turno, toma la tarjeta de arriba del montón, pero *no* la voltees. Déjala con el dibujo hacia abajo. Trata de encontrar la pareja de la fracción de tu tarjeta entre las tarjetas que están boca arriba en la mesa.
4. Si encuentras una pareja, voltea tu tarjeta. Comprueba que tu par sea correcto comparando las dos figuras. Si es correcto, toma ambas tarjetas.

   Si no forman pareja, coloca tu tarjeta boca arriba junto a las otras tarjetas. Se terminó tu turno. Si el otro jugador encuentra una pareja para esa tarjeta, puede tomar las dos tarjetas.
5. Si no hay tarjetas con el dibujo hacia arriba cuando sea el turno del jugador 2, toma la tarjeta de arriba del montón. Colócala en la mesa boca arriba. Entonces, el jugador 2 toma la siguiente tarjeta del montón y no la voltea.

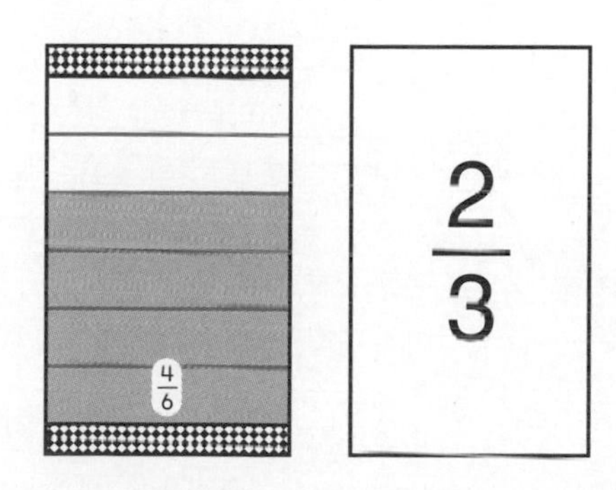

Marta piensa que estas dos tarjetas forman un par.

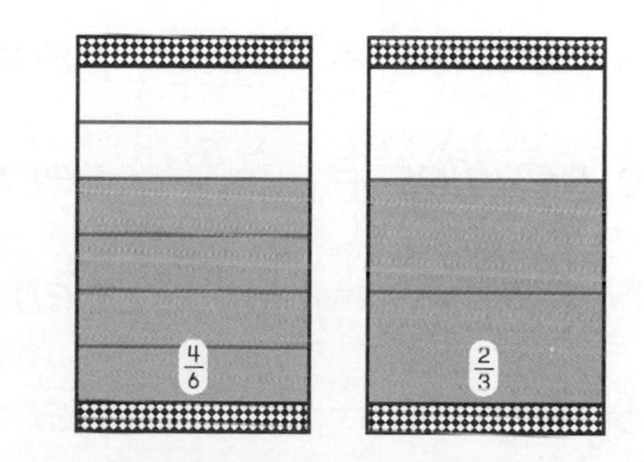

Marta comprueba que su par sea correcto comparando los dibujos de las fracciones.

LECCIÓN 8•5

Fracciones de colecciones

Usa *pennies* como ayuda para resolver los problemas.

1. Cinco personas se reparten 15 *pennies*.

¿Cuántos *pennies* recibe cada persona? ______ *pennies*

$\frac{1}{5}$ de 15 *pennies* = ______ *pennies*.

$\frac{2}{5}$ de 15 *pennies* = ______ *pennies*.

2. Seis personas se reparten 12 *pennies*.

¿Cuántos *pennies* recibe cada persona? ______ *pennies*

$\frac{1}{6}$ de 12 *pennies* = ______ *pennies*.

$\frac{4}{6}$ de 12 *pennies* = ______ *pennies*.

3. Cuatro personas se reparten 16 *pennies*.

¿Cuántos *pennies* recibe cada persona? ______ *pennies*

$\frac{1}{4}$ de 16 *pennies* = ______ *pennies*.

$\frac{4}{4}$ de 16 *pennies* = ______ *pennies*.

$\frac{2}{4}$ de 16 *pennies* = ______ *pennies*.

$\frac{3}{4}$ de 16 *pennies* = ______ *pennies*.

$\frac{0}{4}$ de 16 *pennies* = ______ *pennies*.

Fecha Hora

LECCIÓN 8•5

Fracciones de colecciones, *cont.*

Colorea de azul las fracciones de los círculos.

4. $\frac{3}{5}$ son azules.

5. $\frac{1}{2}$ son azules.

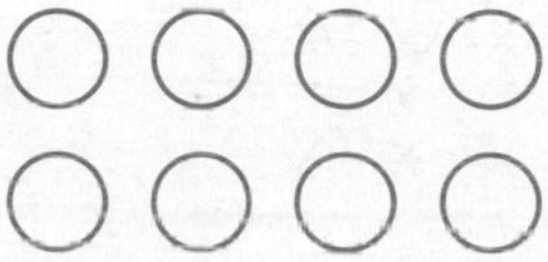

6. $\frac{1}{3}$ son azules.

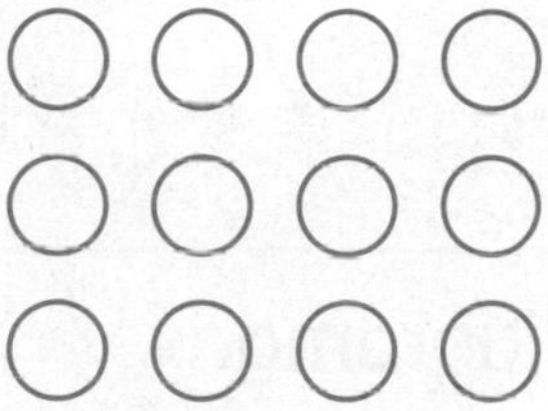

7. $\frac{2}{3}$ son azules.

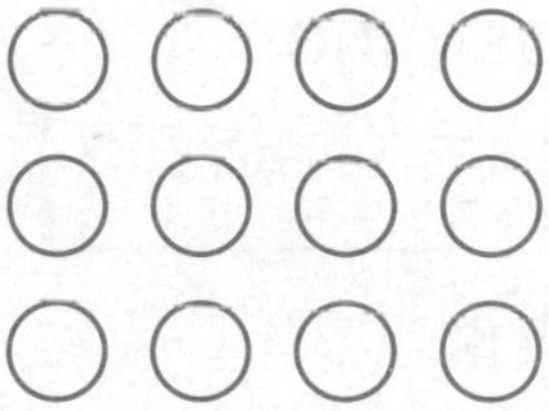

8. $\frac{3}{5}$ son azules.

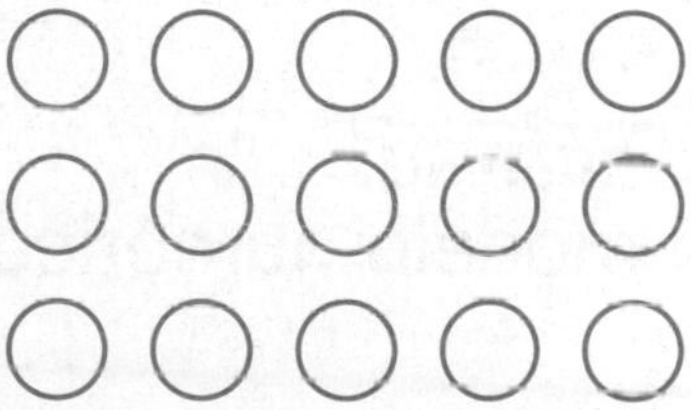

9. $\frac{3}{4}$ son azules.

Inténtalo

10. $\frac{3}{8}$ son azules.

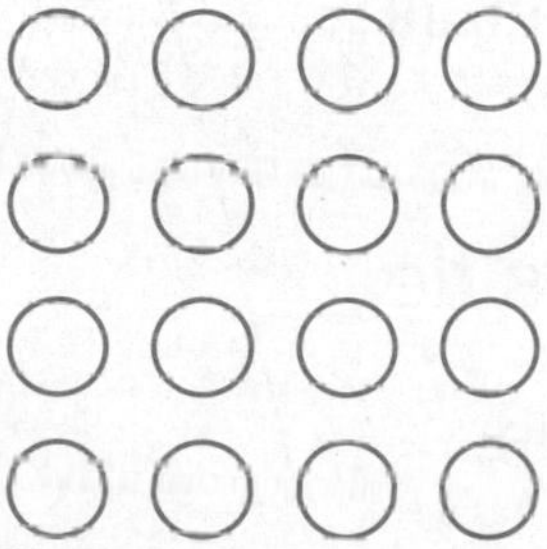

11. $\frac{2}{6}$ son azules.

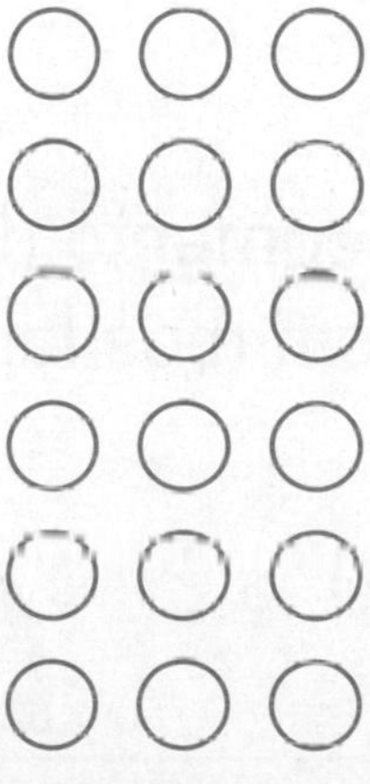

Fecha Hora

LECCIÓN 8•5

Cajas matemáticas

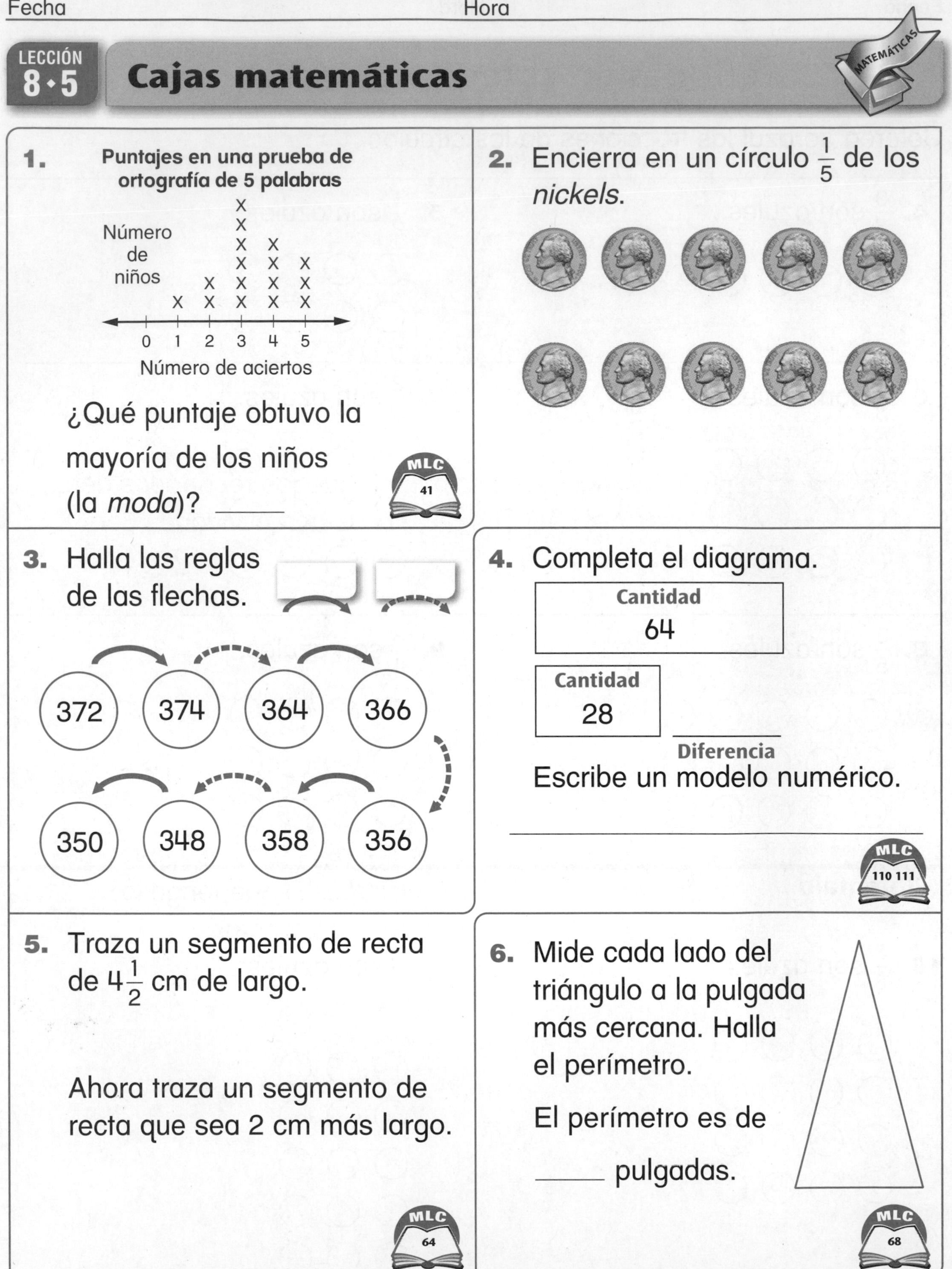

1. **Puntajes en una prueba de ortografía de 5 palabras**

Número de niños

Número de aciertos

¿Qué puntaje obtuvo la mayoría de los niños (la *moda*)? _____

2. Encierra en un círculo $\frac{1}{5}$ de los *nickels*.

3. Halla las reglas de las flechas.

372, 374, 364, 366, 356, 358, 348, 350

4. Completa el diagrama.

Cantidad 64

Cantidad 28 _____ **Diferencia**

Escribe un modelo numérico.

_____

5. Traza un segmento de recta de $4\frac{1}{2}$ cm de largo.

Ahora traza un segmento de recta que sea 2 cm más largo.

6. Mide cada lado del triángulo a la pulgada más cercana. Halla el perímetro.

El perímetro es de _____ pulgadas.

LECCIÓN 8·6

Instrucciones para *Supera la fracción*

Usa tus Tarjetas de fracciones. Haz una lista con todas las fracciones que sean:

menores que $\frac{1}{2}$ ______________________

mayores que $\frac{1}{2}$ ______________________

iguales a $\frac{1}{2}$ ______________________

Supera la fracción

Materiales ☐ 32 Tarjetas de fracciones (2 juegos recortados del *Diario del estudiante* 2, Hojas de actividades 5 y 6)

Jugadores 2

Destreza Comparar fracciones

Objetivo del juego Tener la mayor cantidad de tarjetas

Instrucciones

1. Revuelve las Tarjetas de fracciones y colócalas en un montón con el lado del dibujo (el que tiene las tiras) hacia abajo.
2. Cada jugador voltea la tarjeta de arriba del montón. Los jugadores comparan la parte sombreada de sus tarjetas. El que tenga la fracción más grande (la más alta) toma ambas tarjetas.
3. Si las partes sombreadas son iguales, las fracciones son equivalentes. Cada jugador voltea otra tarjeta. El jugador con la fracción más grande toma todas las tarjetas de las dos jugadas.
4. El juego termina cuando se acaban las tarjetas del montón. El jugador que tenga más tarjetas es el ganador.

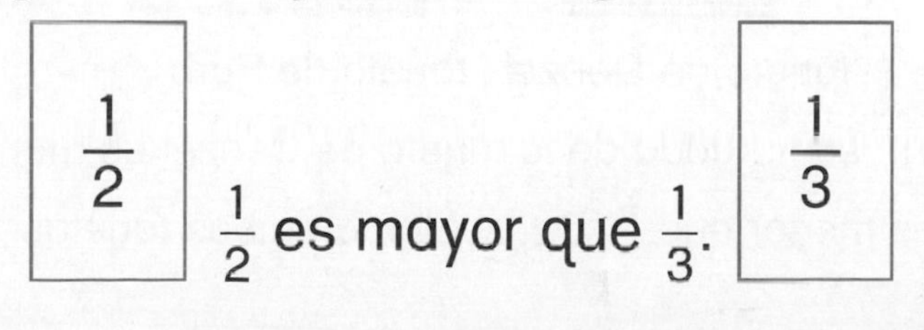

$\frac{1}{2}$ es mayor que $\frac{1}{3}$.

LECCIÓN 8•6

Instrucciones para *Supera la fracción*, cont.

Otra versión

1. Revuelve las Tarjetas de fracciones y colócalas en un montón con el dibujo (el lado que tiene las tiras) hacia abajo.

2. Cada jugador toma una tarjeta de arriba del montón pero *no* la voltea.

3. Los jugadores se turnan. Cuando sea tu turno, compara las fracciones de las dos tarjetas. Di una de las siguientes oraciones:
   - Mi fracción es mayor que tu fracción.
   - Mi fracción es menor que tu fracción.
   - Las fracciones son equivalentes.

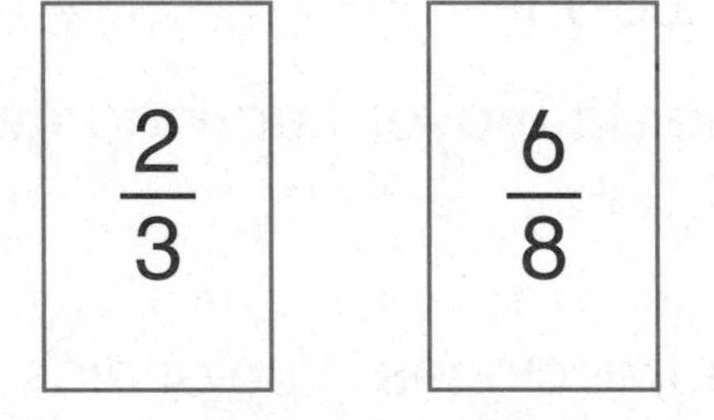

tarjeta de Denzel tarjeta de Barb

Denzel dice que su fracción es menor que la fracción de Barb.

4. Voltea las tarjetas y compara las partes sombreadas. Si acertaste, toma ambas tarjetas. Si no acertaste, el otro jugador toma las dos tarjetas.

tarjeta de Denzel tarjeta de Barb

La parte sombreada de la tarjeta de Denzel es menor: $\frac{2}{3}$ es menor que $\frac{6}{8}$. Denzel toma ambas tarjetas.

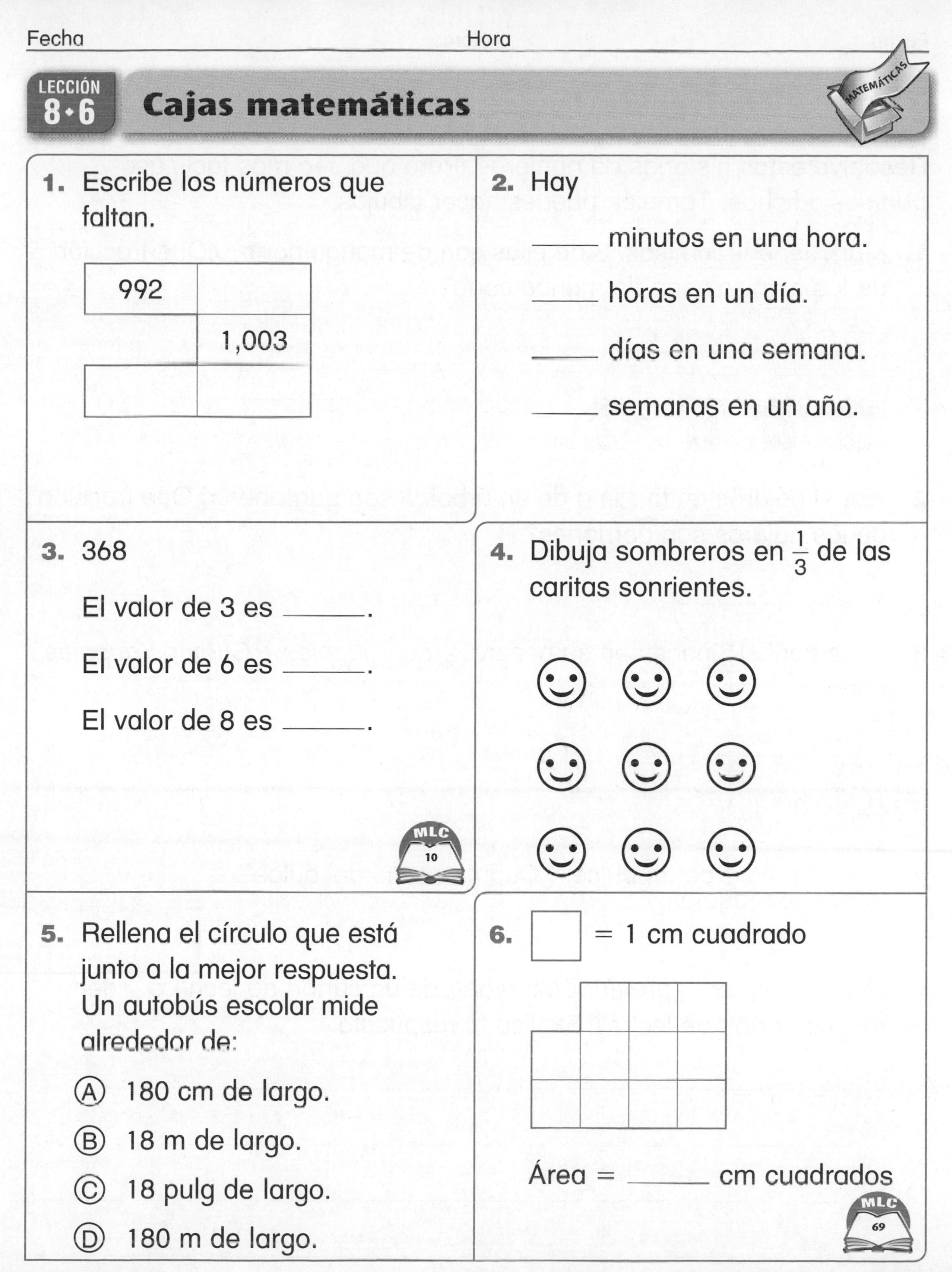

LECCIÓN 8·6

Cajas matemáticas

1. Escribe los números que faltan.

992	
	1,003

2. Hay

_____ minutos en una hora.

_____ horas en un día.

_____ días en una semana.

_____ semanas en un año.

3. 368

El valor de 3 es _____.

El valor de 6 es _____.

El valor de 8 es _____.

MLC 10

4. Dibuja sombreros en $\frac{1}{3}$ de las caritas sonrientes.

5. Rellena el círculo que está junto a la mejor respuesta. Un autobús escolar mide alrededor de:

Ⓐ 180 cm de largo.

Ⓑ 18 m de largo.

Ⓒ 18 pulg de largo.

Ⓓ 180 m de largo.

6. ☐ = 1 cm cuadrado

Área = _____ cm cuadrados

MLC 69

LECCIÓN 8•7

Historias de fracciones

Resuelve estas historias de números. Para que sea más fácil, usa *pennies* o fichas. También puedes hacer dibujos.

1. Mark tiene 4 camisas. 3 de ellas son de manga corta. ¿Qué fracción de las camisas son de manga corta?

   ____

2. Hay 8 pájaros en la rama de un árbol. 6 son gorriones. ¿Qué fracción de los pájaros son gorriones?

   ____

3. June tiene 15 peces en su pecera. $\frac{1}{3}$ son *guppies*. ¿Cuántos *guppies* tiene?

   ____

Inténtalo

4. Sam comió $\frac{0}{5}$ de un dulce. ¿Cuánto comió del dulce?

   ____

5. Si tuvieras sed, ¿preferirías tomar $\frac{2}{2}$ de un cartón de leche o $\frac{4}{4}$ del mismo cartón de leche? Explica tu respuesta.

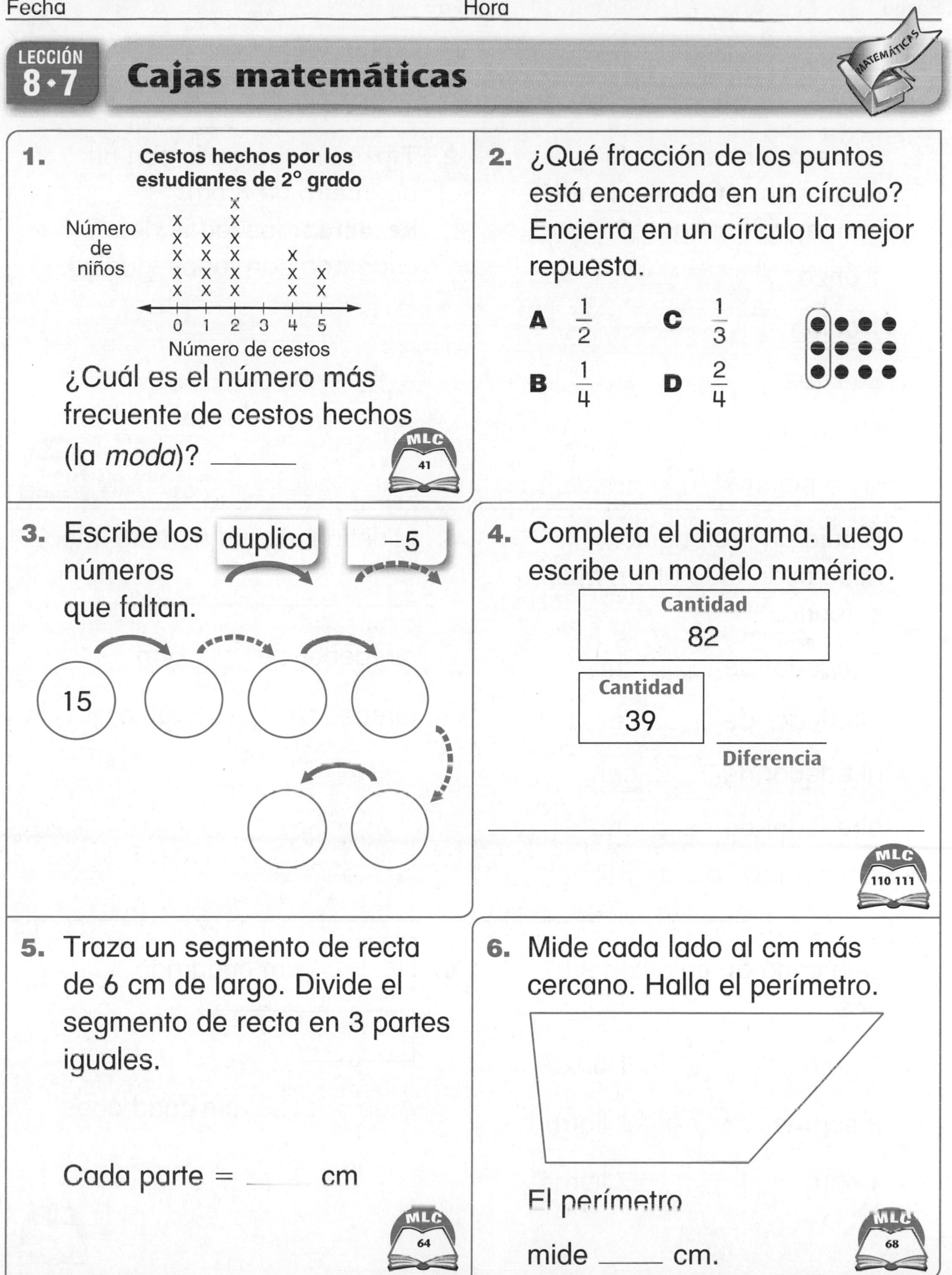
Fecha
Hora
LECCIÓN 8•7
Cajas matemáticas
MATEMÁTICAS
1.
Cestos hechos por los estudiantes de 2° grado
Número de niños
0 1 2 3 4 5
Número de cestos
¿Cuál es el número más frecuente de cestos hechos (la *moda*)? ______
MLC 41
2. ¿Qué fracción de los puntos está encerrada en un círculo? Encierra en un círculo la mejor repuesta.
A $\frac{1}{2}$
B $\frac{1}{4}$
C $\frac{1}{3}$
D $\frac{2}{4}$
3. Escribe los números que faltan.
duplica
−5
15
4. Completa el diagrama. Luego escribe un modelo numérico.
Cantidad
82
Cantidad
39
Diferencia
MLC 110 111
5. Traza un segmento de recta de 6 cm de largo. Divide el segmento de recta en 3 partes iguales.
Cada parte = ____ cm
MLC 64
6. Mide cada lado al cm más cercano. Halla el perímetro.
El perímetro mide ____ cm.
MLC 68

LECCIÓN 8•8

Cajas matemáticas

MATEMÁTICAS

1. Encierra en un círculo la respuesta. ¿Cuánto contiene una lata de refresco?

1 onza

1 galón

36 litros

12 onzas

2. Traza un cuadrado con un perímetro de 8 cm.
Recuerda: los lados de un cuadrado son todos iguales.

MLC 68

3. Dibuja un rectángulo. Mide cada lado al cm más cercano.

alrededor de _____ cm

alrededor de _____ cm

alrededor de _____ cm

alrededor de _____ cm

4. Mide la longitud de esta línea.

____

alrededor de _____ cm

alrededor de _____ pulg

5. Une cada artículo con su peso.

1 gato	1 onza
3 sobres	1 libra
1 libro	7 libras

6. ☐ = 1 cm cuadrado

Área = _____ cm cuadrados

MLC 69

LECCIÓN 9·1

Yardas

Materiales ☐ regla de una yarda

Instrucciones

Anota cada paso en la tabla de abajo.

1. Elige una distancia.
2. Estima la distancia en yardas.
3. Usa una regla de una yarda para medir la distancia a la yarda más cercana. Compara esta medida con tu estimación.

Distancia que estimé y medí	Mi estimación	Mi medida con la regla de una yarda
	alrededor de ____ yardas	alrededor de ____ yardas
	alrededor de ____ yardas	alrededor de ____ yardas
	alrededor de ____ yardas	alrededor de ____ yardas
	alrededor de ____ yardas	alrededor de ____ yardas
	alrededor de ____ yardas	alrededor de ____ yardas

LECCIÓN 9•1

Resultados posibles

Resuelve el problema.

Tu maestro puso 5 botones en una bolsa. Un botón es un cuadrado blanco, 2 botones son redondos y negros y los otros 2 botones son redondos y blancos.

Tu maestro quiere que saques dos botones de la bolsa con los ojos cerrados. Dibuja todas las combinaciones posibles de botones que podrías sacar de la bolsa.

¿De cuántas maneras distintas se pueden sacar dos botones de la bolsa? ______

Fecha Hora

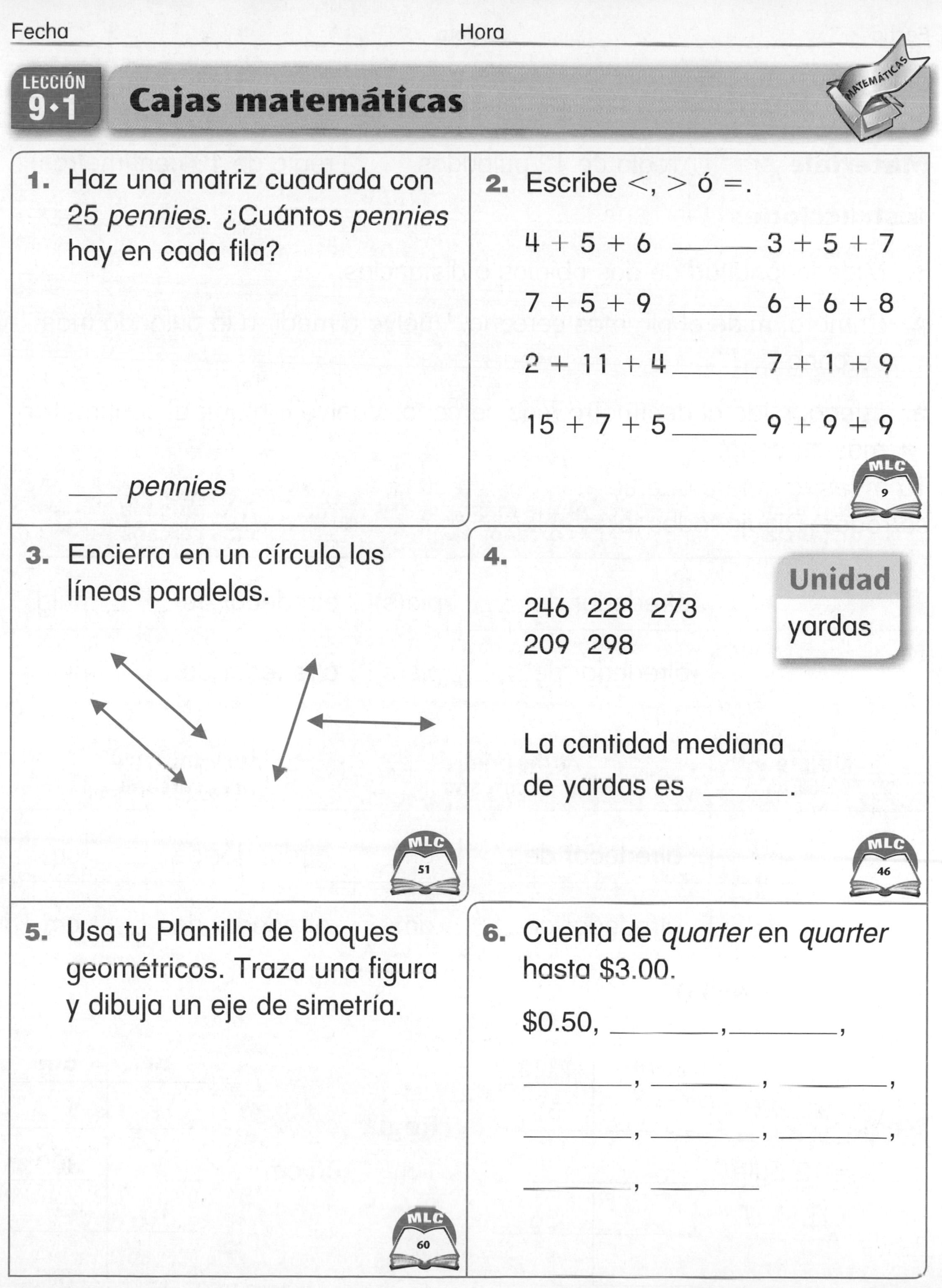

LECCIÓN 9·1

Cajas matemáticas

1. Haz una matriz cuadrada con 25 *pennies*. ¿Cuántos *pennies* hay en cada fila?

___ *pennies*

2. Escribe $<$, $>$ ó $=$.

$4 + 5 + 6$ ______ $3 + 5 + 7$

$7 + 5 + 9$ ______ $6 + 6 + 8$

$2 + 11 + 4$ ______ $7 + 1 + 9$

$15 + 7 + 5$ ______ $9 + 9 + 9$

MLC 9

3. Encierra en un círculo las líneas paralelas.

MLC 51

4.

246 228 273
209 298

Unidad
yardas

La cantidad mediana de yardas es ______.

MLC 46

5. Usa tu Plantilla de bloques geométricos. Traza una figura y dibuja un eje de simetría.

MLC 60

6. Cuenta de *quarter* en *quarter* hasta \$3.00.

\$0.50, ______, ______,

______, ______, ______,

______, ______, ______,

______, ______

LECCIÓN 9•2

Unidades de medida lineal

Materiales ☐ regla de 12 pulgadas ☐ regla de 10 centímetros

Instrucciones

1. Mide la longitud de dos objetos o distancias.
2. Primero, mide al pie más cercano. Vuelve a medir a la pulgada más cercana.
3. Luego, mide al decímetro más cercano. Vuelve a medir al centímetro más cercano.

Objeto *o* distancia	Al pie más cercano	A la pulgada más cercana
	alrededor de ____ pie(s)	alrededor de ____ pulg
	alrededor de ____ pie(s)	alrededor de ____ pulg

Objeto *o* distancia	Al decímetro más cercano	Al centímetro más cercano
	alrededor de ____ dm	alrededor de ____ cm
	alrededor de ____ dm	alrededor de ____ cm

"¿Cuál es mi regla?"

4.

Regla
1 pie = 12 pulg

pies	pulg
1	
2	
	36

5.

Regla
1 m = 100 cm

m	cm
1	
	300
10	

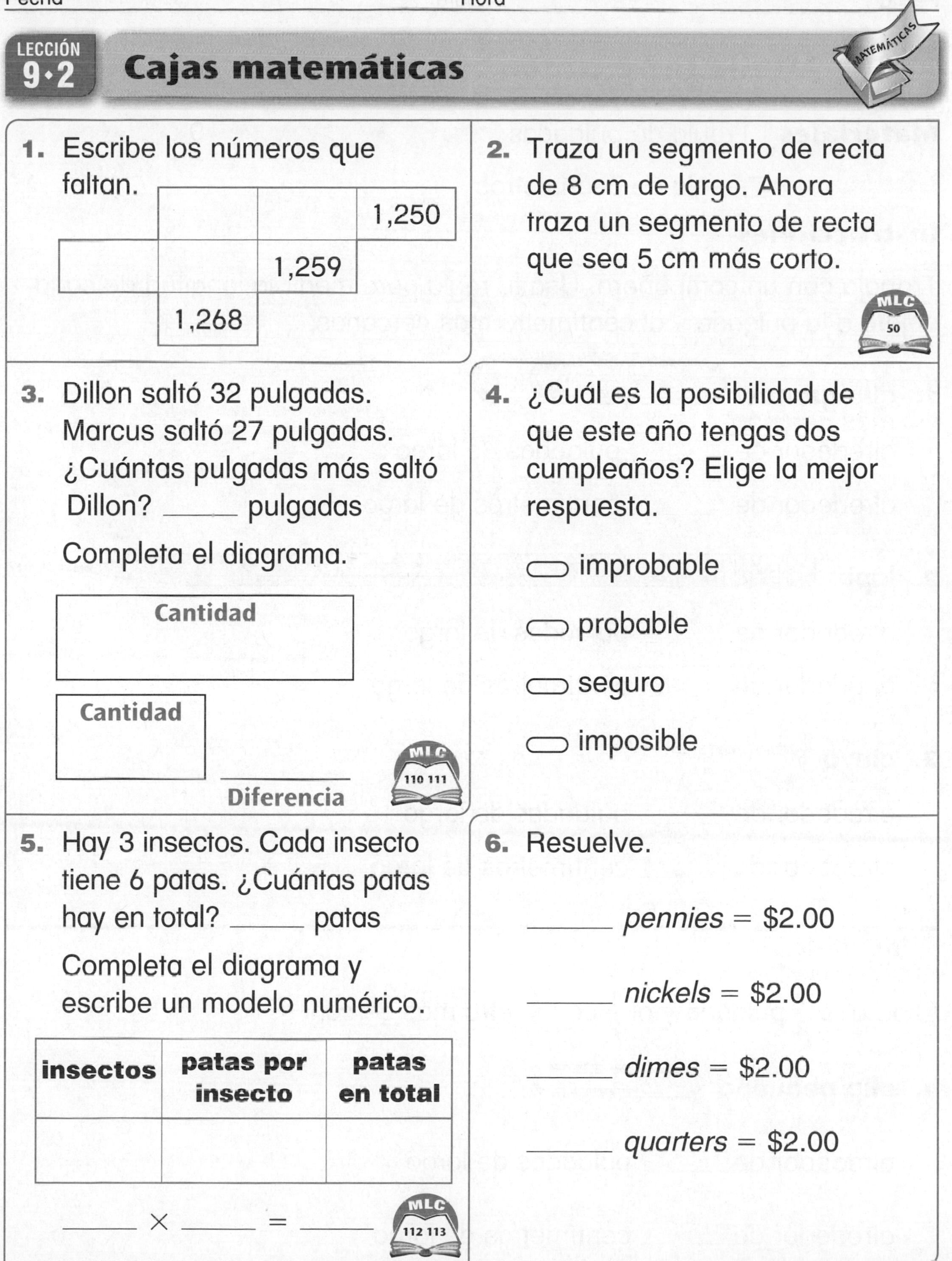

LECCIÓN 9•2

Cajas matemáticas

1. Escribe los números que faltan.

			1,250
		1,259	
	1,268		

2. Traza un segmento de recta de 8 cm de largo. Ahora traza un segmento de recta que sea 5 cm más corto.

MLC 50

3. Dillon saltó 32 pulgadas. Marcus saltó 27 pulgadas. ¿Cuántas pulgadas más saltó Dillon? _____ pulgadas

Completa el diagrama.

Cantidad

Cantidad

_____ **Diferencia**

MLC 110 111

4. ¿Cuál es la posibilidad de que este año tengas dos cumpleaños? Elige la mejor respuesta.

- improbable
- probable
- seguro
- imposible

5. Hay 3 insectos. Cada insecto tiene 6 patas. ¿Cuántas patas hay en total? _____ patas

Completa el diagrama y escribe un modelo numérico.

insectos	patas por insecto	patas en total

_____ × _____ = _____

MLC 112 113

6. Resuelve.

_____ *pennies* = $2.00

_____ *nickels* = $2.00

_____ *dimes* = $2.00

_____ *quarters* = $2.00

LECCIÓN 9•3

Medir longitudes con una regla

Materiales ☐ regla de pulgadas

☐ regla de centímetros

Instrucciones

Trabaja con un compañero. Usa tu regla para medir la longitud de cada objeto a la pulgada y al centímetro más cercanos.

1. **clip grande**

   alrededor de ______ pulgadas de largo

   alrededor de ______ centímetros de largo

2. **lápiz**

   alrededor de ______ pulgadas de largo

   alrededor de ______ centímetros de largo

3. **clavo**

   alrededor de ______ pulgadas de largo

   alrededor de ______ centímetros de largo

Inténtalo

Mide a la $\frac{1}{2}$ pulgada y al $\frac{1}{2}$ centímetro más cercanos.

4. **clip pequeño**

   alrededor de ______ pulgadas de largo

   alrededor de ______ centímetros de largo

Fecha Hora

LECCIÓN 9•3

Cajas matemáticas

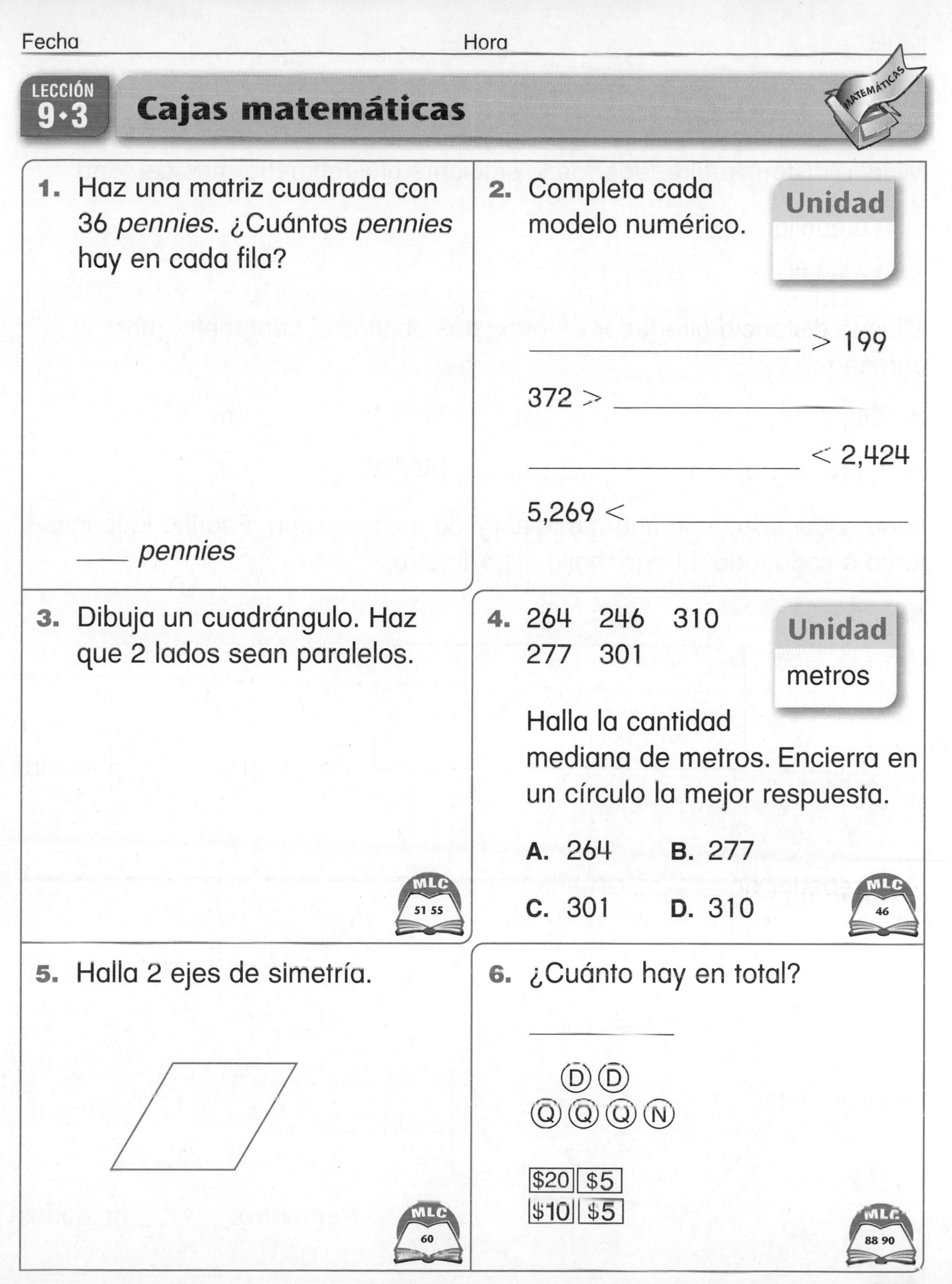

1. Haz una matriz cuadrada con 36 *pennies*. ¿Cuántos *pennies* hay en cada fila?

____ *pennies*

2. Completa cada modelo numérico.

Unidad

$\_\_\_\_\_\_ > 199$

$372 > \_\_\_\_\_\_$

$\_\_\_\_\_\_ < 2{,}424$

$5{,}269 < \_\_\_\_\_\_$

3. Dibuja un cuadrángulo. Haz que 2 lados sean paralelos.

MLC 51 55

4. 264 246 310 277 301

Unidad
metros

Halla la cantidad mediana de metros. Encierra en un círculo la mejor respuesta.

A. 264 **B.** 277

C. 301 **D.** 310

MLC 46

5. Halla 2 ejes de simetría.

MLC 60

6. ¿Cuánto hay en total?

______

MLC 88 90

LECCIÓN 9•4

La distancia alrededor y el perímetro

Mide la distancia alrededor de lo siguiente al centímetro más cercano.

1. Tu cuello: ______ cm

2. Tu tobillo: ______ cm

Mide la distancia alrededor de otros dos objetos al centímetro más cercano.

3. Objeto: ______________________ Medida: ______ cm

4. Objeto: ______________________ Medida: ______ cm

Mide cada lado de la figura a la pulgada más cercana. Escribe la longitud junto a cada lado. Luego, halla el perímetro.

5.

Perímetro: ______ pulgadas

Inténtalo

6.

Perímetro: ______ pulgadas

LECCIÓN 9•4

Cajas matemáticas

MATEMÁTICAS

1. Escribe los números que faltan.

	1,789	
	1,799	

2. Dibuja un segmento de recta de $3\frac{1}{2}$ pulgadas de longitud.

Ahora dibuja un segmento de recta quc sea 1 pulgada más corto.

3. Los *Jays* anotaron 63 puntos. Los *Gulls* anotaron 46 puntos. ¿Cuántos puntos más anotaron los *Jays*? _____ puntos.
Completa el diagrama.

Cantidad

Cantidad

_____ **Diferencia**

MLC 110 111

4. ¿Cuál es la posibilidad de que hoy vueles en una nave espacial? Encierra en un círculo tu respuesta.

imposible

seguro

probable

improbable

5. Hay 9 carros. Cada uno tiene 4 llantas. ¿Cuántas llantas hay en total?

carros	**llantas por carro**	**llantas en total**

MLC 112 113

6. Usa Ⓟ, Ⓝ, Ⓓ y Ⓠ. Muestra $1.79.

MLC 88 90

LECCIÓN 9•5

Manejar en el Oeste

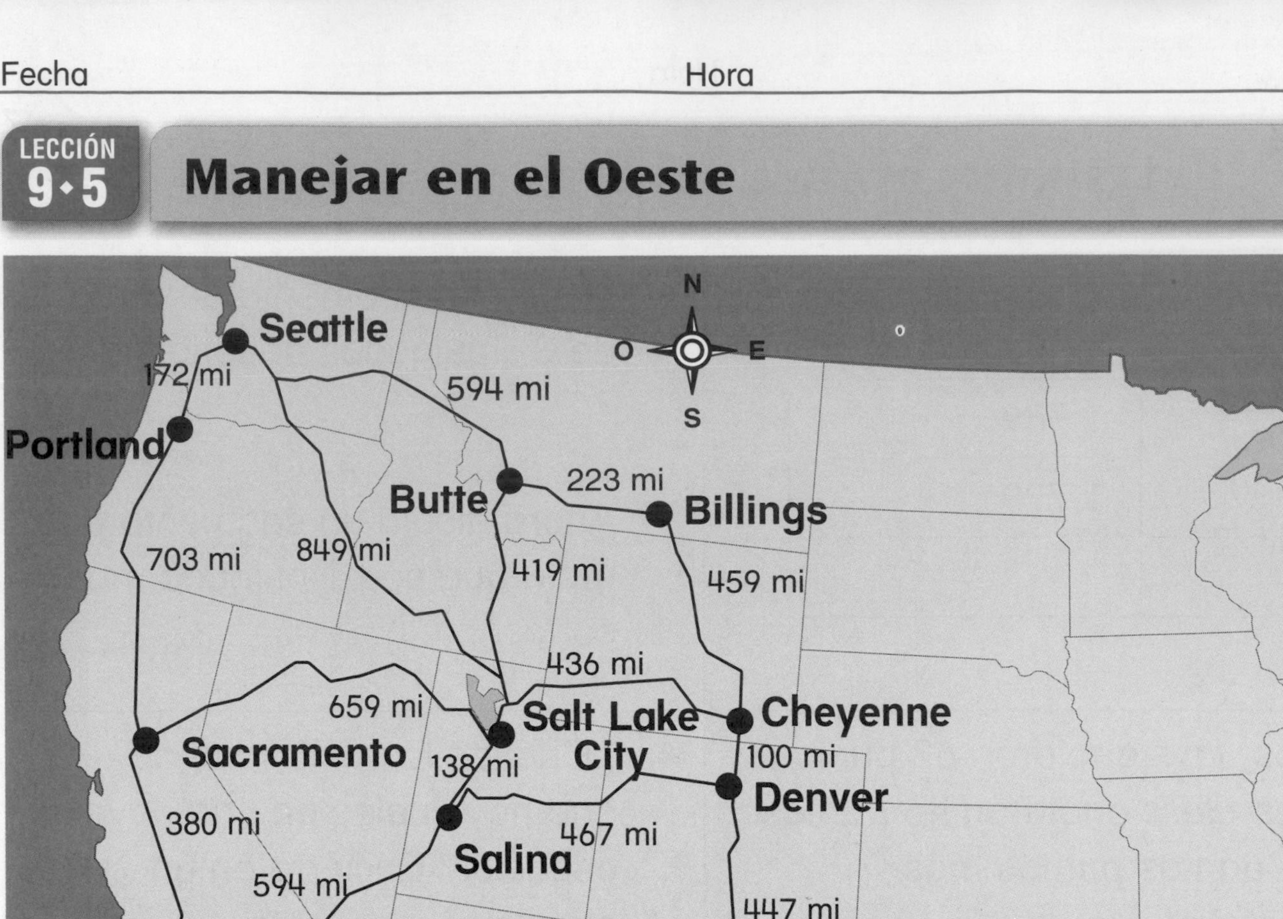

1. ¿Cuál es la ruta más corta de Seattle a Albuquerque?

____

____

2. Pon una marca junto al recorrido más largo.

   ______ Salt Lake City a Billings pasando por Butte

   ______ Salt Lake City a Billings pasando por Cheyenne

   ¿Cuánto más largo es ese recorrido?

   alrededor de ______ millas más largo

LECCIÓN 9•5

Práctica de suma y resta

Haz un cálculo aproximado. Resuelve. Compara tu respuesta con tu estimación.

1. Cálculo aproximado:

____

45 + 68 = ______

2. Cálculo aproximado:

____

143 + 78 = ______

3. Cálculo aproximado:

____

158 + 233 = ______

4. Cálculo aproximado:

____

74 − 49 = ______

5. Cálculo aproximado:

____

133 − 86 = ______

6. Cálculo aproximado:

____

256 − 147 = ______

LECCIÓN 9•5

Cajas matemáticas

1. Escribe 5 nombres para $\frac{1}{2}$. Si lo necesitas, usa tus tarjetas de fracciones.

$\frac{1}{2}$

2. Escribe par o impar.

126 ________

311 ________

109 ________

430 ________

3. Se reparten por igual 17 chicles. Cada niño recibe 3 chicles.

¿Entre cuántos niños se reparten? ______ niños

¿Cuántos chicles sobran?

______ chicles

4. Rosita tenía $0.39 y encontró $0.57 más. ¿Cuánto dinero tiene ahora? Estima tu respuesta y luego usa sumas parciales para resolver.

Estimación:

________ + ________ = ________

Respuesta: ________

5. La temperatura en Pensacola, Florida, es de 82°F. La temperatura en Portland, Maine, es de 64°F. ¿Cuál es la diferencia? Rellena el círculo que está junto a la mejor repuesta.

Ⓐ 22°F Ⓑ 17°F

Ⓒ 20°F Ⓓ 18°F

6. Un número tiene:

7 millares
8 decenas
5 decenas de millar
1 unidad
0 centenas

Escribe el número: ________

LECCIÓN 9•6

Mensaje matemático

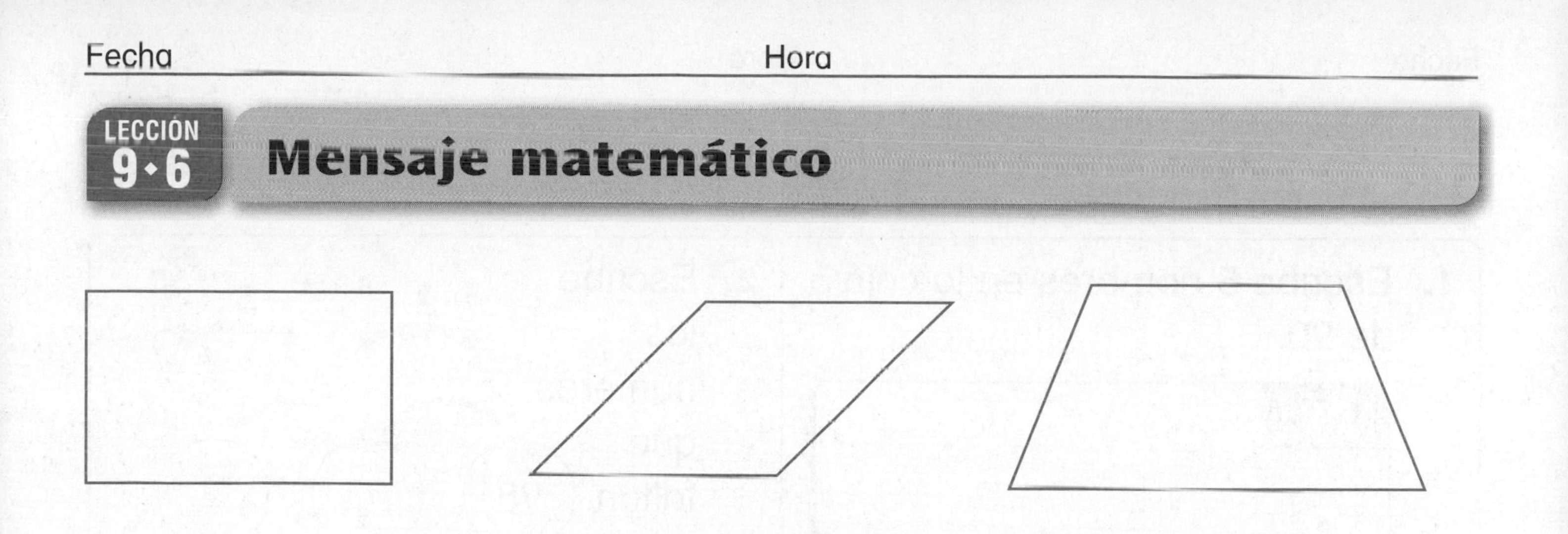

Estima: ¿Qué figura es la "más grande" (la que tiene el área mayor)? Enciérrala en un círculo.

Piensa: ¿Cómo podrías medir las figuras para averiguarlo?

Exploración A: ¿Qué cilindro tiene mayor capacidad?

¿En qué cilindro caben más macarrones: en el largo y angosto o en el corto y ancho?

Mi predicción: ______________________________

Resultado real: ______________________________

Exploración B: Medir el área

El área de mi calco de la baraja de tarjetas es de alrededor de _____ centímetros cuadrados.

El área de mi calco de la baraja de tarjetas es de alrededor de _____ pulgadas cuadradas.

Calqué ______________________________.

Tiene un área de alrededor de ______________________________.
(unidad)

LECCIÓN 9•6

Cajas matemáticas

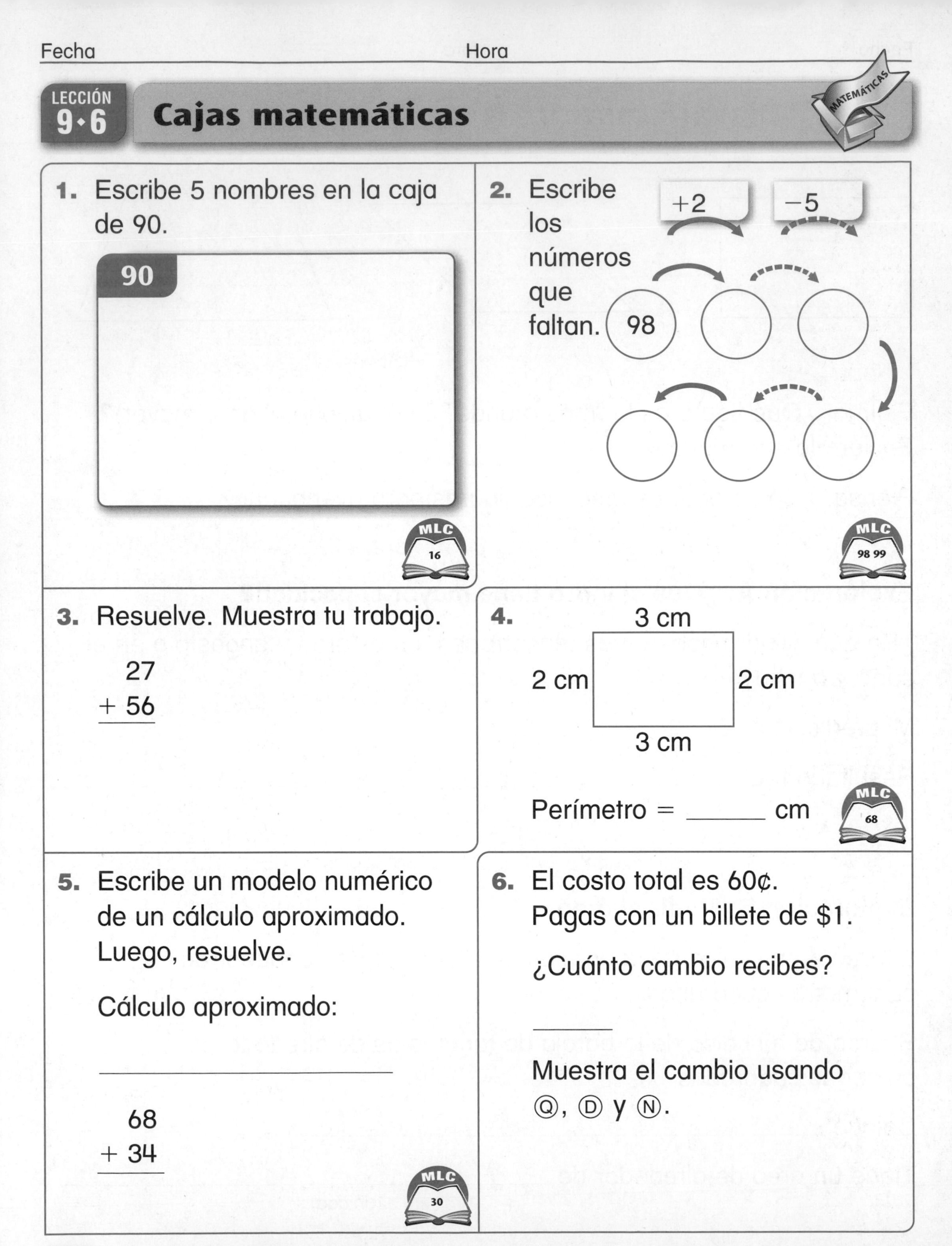

1. Escribe 5 nombres en la caja de 90.

90

MLC 16

2. Escribe los números que faltan.

+2 −5

98

MLC 98 99

3. Resuelve. Muestra tu trabajo.

$$\begin{array}{r} 27 \\ +\ 56 \\ \hline \end{array}$$

4.

3 cm

2 cm 2 cm

3 cm

Perímetro = ______ cm

MLC 68

5. Escribe un modelo numérico de un cálculo aproximado. Luego, resuelve.

Cálculo aproximado:

____

$$\begin{array}{r} 68 \\ +\ 34 \\ \hline \end{array}$$

MLC 30

6. El costo total es 60¢. Pagas con un billete de $1.

¿Cuánto cambio recibes?

______

Muestra el cambio usando Ⓠ, Ⓓ y Ⓝ.

LECCIÓN 9·7

Cajas matemáticas

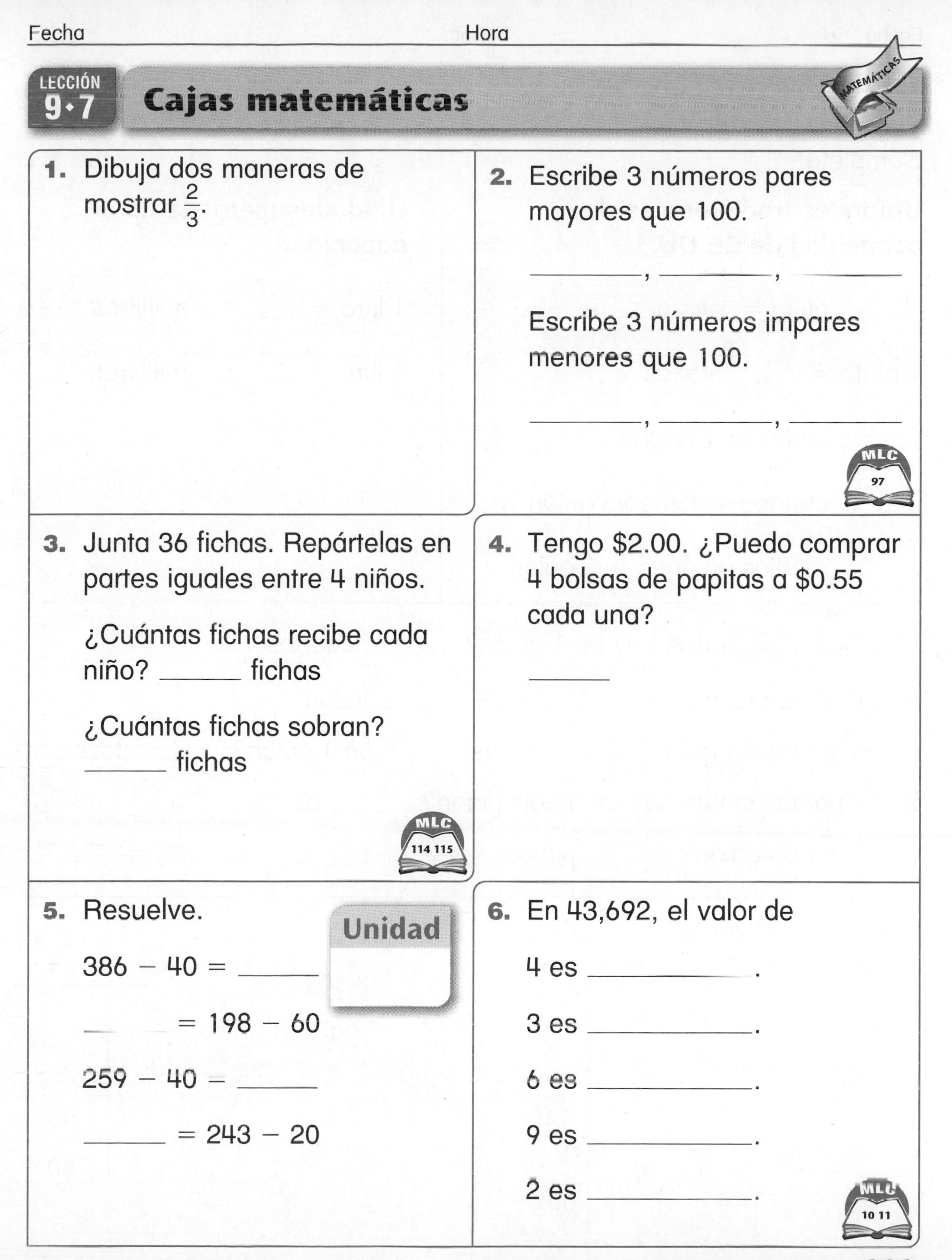

1. Dibuja dos maneras de mostrar $\frac{2}{3}$.

2. Escribe 3 números pares mayores que 100.

______, ______, ______

Escribe 3 números impares menores que 100.

______, ______, ______

MLC 97

3. Junta 36 fichas. Repártelas en partes iguales entre 4 niños.

¿Cuántas fichas recibe cada niño? ______ fichas

¿Cuántas fichas sobran?
______ fichas

MLC 114 115

4. Tengo \$2.00. ¿Puedo comprar 4 bolsas de papitas a \$0.55 cada una?

______

5. Resuelve.

Unidad

386 − 40 = ______

______ = 198 − 60

259 − 40 = ______

______ = 243 − 20

6. En 43,692, el valor de

4 es ______.

3 es ______.

6 es ______.

9 es ______.

2 es ______.

MLC 10 11

LECCIÓN 9•8

Unidades de capacidad equivalentes

Completa.

Unidades tradicionales de capacidad de EE.UU.

_____ pinta = 1 taza

1 pinta = _____ tazas

_____ pintas = 1 cuarto

_____ cuartos = 1 medio galón

_____ medios galones = 1 galón

Unidades métricas de capacidad

1 litro = _______ mililitros

$\frac{1}{2}$ litro = _______ mililitros

1. ¿Cuántos cuartos hay en 1 galón? _____ cuartos

2. ¿Cuántas tazas hay en 1 cuarto? _____ tazas

¿Y en medio galón? _____ tazas ¿Y en 1 galón? _____ tazas

3. ¿Cuántas pintas hay en medio galón? _____ pintas

¿Y en un galón? _____ pintas

"¿Cuál es mi regla?"

4. **Regla**

1 ct = 2 pt

ct	pt
2	
3	
	10
8	

5. **Regla**

1 gal = 8 pt

gal	pt
2	
3	
	40
	80

LECCIÓN 9•8

Cajas matemáticas

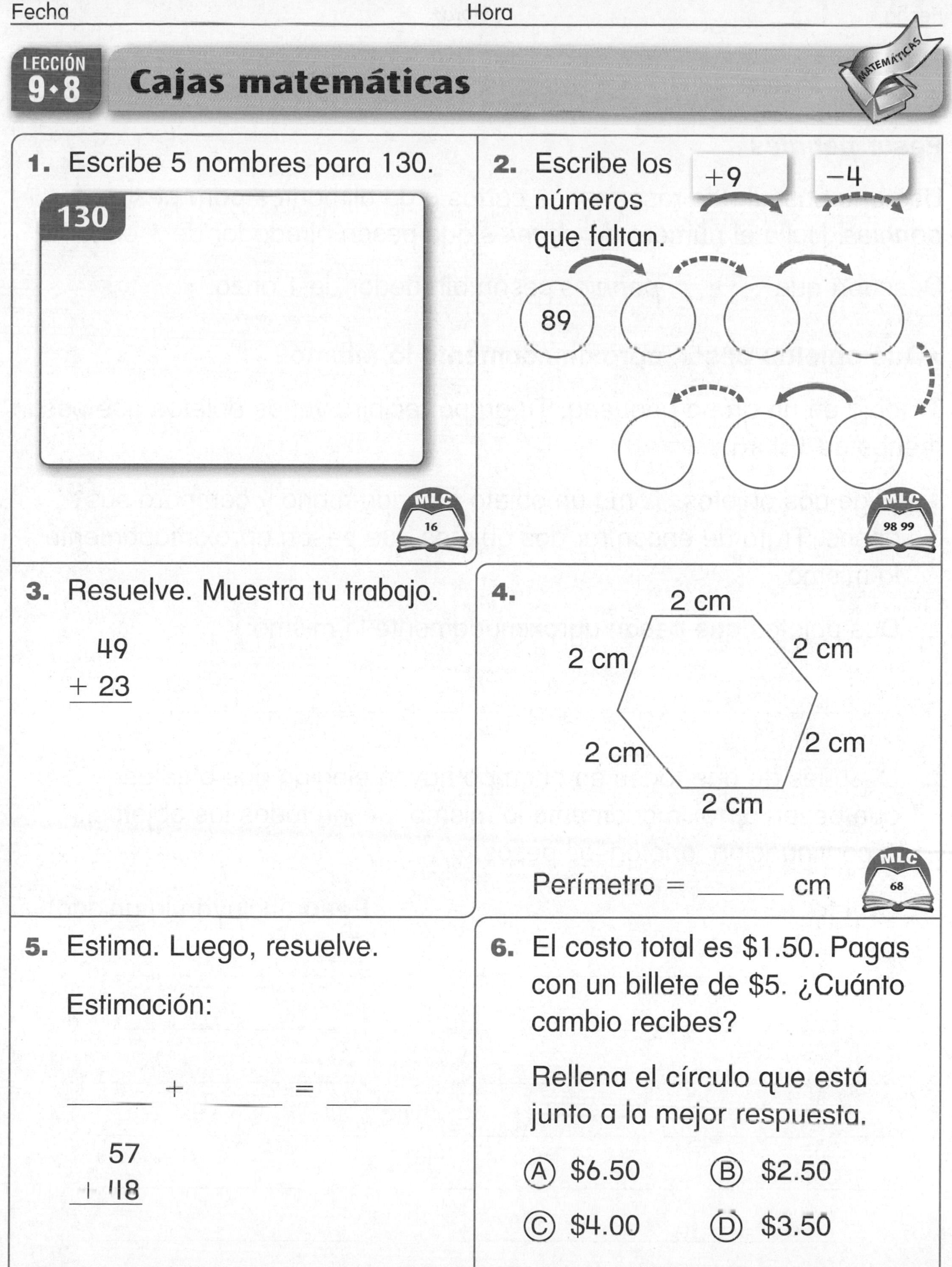

LECCIÓN 9•9

Peso

Pesar *pennies*

Usa una báscula de resortes, de cartas o de alimentos para pesar *pennies*. Halla el número de *pennies* que pesen alrededor de 1 onza.

Descubrí que ______ *pennies* pesan alrededor de 1 onza.

¿Qué objetos pesan aproximadamente lo mismo?

Trabaja en un grupo pequeño. Tu grupo recibirá varios objetos que pesan menos de 1 libra.

1. Elige dos objetos. Toma un objeto en cada mano y compara sus pesos. Trata de encontrar dos objetos que pesan aproximadamente lo mismo.

   Dos objetos que pesan aproximadamente lo mismo:

   ____________________ ____________________

2. Después de que todos en el grupo hayan elegido dos objetos que pesen aproximadamente lo mismo, pesen todos los objetos. A continuación, anoten los pesos.

Objeto	**Peso** (incluyan la unidad)

Fecha Hora

LECCIÓN 9·9

Cajas matemáticas

1. Usa tus Tarjetas de fracciones. Halla otro nombre para $\frac{3}{4}$. Encierra en un círculo la mejor respuesta.

A $\frac{1}{2}$ **B** $\frac{3}{8}$

C $\frac{6}{8}$ **D** $\frac{2}{3}$

2. Escribe 2 números pares de 4 dígitos.

_______ _______

Escribe 2 números impares de 4 dígitos.

_______ _______

MLC 97

3. Usa fichas para resolver.

18 rodajas de naranja se reparten en partes iguales. Cada niño recibe 4 rodajas.

¿Entre cuántos niños se reparten?

_____ niños

¿Cuántas rodajas sobran?

_____ rodajas

MLC 114 115

4. Escribe la cantidad que falta.

Tenía 38¢.

Gasté _______¢.

Me quedan 15¢.

5. Resuelve.

Unidad

22 − 14 = _____

62 − 14 = _____

162 − 14 = _____

_____ = 292 − 14

_____ = 402 − 14

6. En 96,527, el valor de

5 es _________.

6 es _________.

7 es _________.

2 es _________.

9 es _________.

MLC 10 11

Fecha Hora

LECCIÓN 9•10

Cajas matemáticas

1. Tengo 85¢. ¿Cuántos caramelos de 5¢ puedo comprar?

______ caramelos

2. 67,248

El valor de 8 es __________.

El valor de 2 es __________.

El valor de 7 es __________.

El valor de 6 es __________.

El valor de 4 es _______.

MLC 10 11

3. ¿Cuánto dinero hay?

$10 $5
Ⓠ Ⓝ Ⓝ Ⓟ

$__________

4. El costo total del almuerzo de Neena es $7.50.

Pagó con un billete de $10. ¿Cuánto cambio recibirá?

$ __________

5. Justin tenía $0.92 y encontró $0.21 más. ¿Cuánto dinero tiene ahora? Estima tu respuesta y luego, resuelve.

Estimación:

________ + ________ = ________

Respuesta: __________

6. Usa Ⓟ, Ⓝ, Ⓓ y Ⓠ. Muestra $2.20.

Fecha _______________ Hora _______________

LECCIÓN 10•1

Cajas matemáticas

MATEMÁTICAS

1. Duplica.

25¢ _______

55¢ _______

65¢ _______

85¢ _______

2. Hay 15 niños y niñas.

$\frac{1}{3}$ son niños.

¿Cuántos son niños? _______

¿Cuántas son niñas? _______

MLC 14

3. Cuenta de 1000 en 1000.

_______; 2,728; _______;

_______; _______; _______;

_______; _______; _______

4. Resuelve.

Unidad

$5 + 3 =$ _______

$50 + 30 =$ _______

$$\begin{array}{r} 6 \\ +\ 3 \\ \hline \end{array} \qquad \begin{array}{r} 60 \\ +\ 30 \\ \hline \end{array}$$

5. Dibuja un rombo. Cada lado debe ser de 2 cm de largo.

MLC 55

6. ¿Cuántos puntos hay en esta matriz de 5 por 5?

● ● ● ● ●
● ● ● ● ●
● ● ● ● ●
● ● ● ● ●
● ● ● ● ●

_______ puntos en total

LECCIÓN 10•1

Cartel de ofertas

LECCIÓN 10·1

Formas de pagar

Completa el Problema 1. Para los Problemas 2 y 3, elige dos artículos del Cartel de ofertas en la página 230. En la tabla de abajo, haz una lista de los artículos y lo que cuesta cada uno.

Para cada artículo:

- Cuenta monedas y billetes para mostrar diferentes formas de pagar cada artículo.
- Anota dos formas dibujando monedas y billetes en la tabla. Usa Ⓠ, Ⓓ, Ⓝ, Ⓟ y $1.

Ejemplo:

Compras 1 libra de plátanos. Cuestan 59¢ por libra. Pagas con:

Ⓠ Ⓠ Ⓝ Ⓟ Ⓟ Ⓟ Ⓟ o Ⓓ Ⓓ Ⓓ Ⓓ Ⓓ Ⓝ Ⓟ Ⓟ Ⓟ Ⓟ

1. Compras *naranjas*. Cuestan: $1.49 Pagas con | o	**2.** Compras ________. Cuesta(n): ________ Pagas con | o
3. Compras ________. Cuesta(n): ________ Pagas con | o	**Inténtalo** **4.** Compras ________ y ________. Cuestan: ________ Pagas con | o

LECCIÓN 10•2

Valores de las palabras

MATEMÁTICAS

Imagina que las letras del alfabeto tienen el valor en dólares que se muestra en la tabla. Por ejemplo, la letra **g** vale $7; la letra **v** vale $22. La palabra **jet** vale $10 + $5 + $20 = $35.

	a	b	c	d	e	f	g	h	i	j	k	l	m
Valor	$1	$2	$3	$4	$5	$6	$7	$8	$9	$10	$11	$12	$13
	n	o	p	q	r	s	t	u	v	w	x	y	z
Valor	$14	$15	$16	$17	$18	$19	$20	$21	$22	$23	$24	$25	$26

1. ¿Qué palabra vale más, **perro** o **gato**? ____________

2. ¿Qué palabra vale más, **ballena** o **cebra**? ____________

3. ¿Cuánto vale tu nombre? ____________

4. Escribe 2 palabras que quieras aprender a escribir. Halla sus valores.

   Palabra: ____________ Valor: $____________

   Palabra: ____________ Valor: $____________

5. ¿Cuál es la palabra más barata que puedes formar? Debe tener al menos 2 letras.

   Palabra: ____________ Valor: $____________

6. ¿Cuál es la palabra más cara que puedes formar?

   Palabra: ____________ Valor: $____________

Inténtalo

7. Imagina los valores de las letras en *dimes*. Por ejemplo, **m** vale 13 *dimes*; **b** vale 2 *dimes*. Averigua cuánto vale cada palabra.

   perro: $______ gato: $______ cebra: $______ ballena: $______

   dulce: $______ tu apellido: $____________

LECCIÓN 10•2

Cajas matemáticas

1. Escribe <, > ó =.

1,257 ______ 2,157

7,925 ______ 5,297

10,129 ______ 1,129

MLC 9

2. Encierra en un círculo la respuesta.

$2.88 está más cerca de:

$2.80 o de $2.90

$5.61 está más cerca de:

$5.60 o de $5.70

$1.97 está más cerca de:

$1.90 o de $2.00

3. Coloca las estaturas en orden. Halla la estatura mediana.

Unidad
pulgadas

48 44 37 54 39

______, ______, ______, ______, ______

La estatura mediana es de

______ pulgadas.

MLC 46

4. ¿Qué temperatura hace? Encierra en un círculo la mejor respuesta.

A. 85°F

B. 86°F

C. 83°F

D. 76°F

90 80 70 °F

5. Dibuja las manecillas de la hora y de los minutos para que muestren la hora 20 minutos después de las 6:15.

¿Qué hora marca el reloj ahora?

____:____

12 1 2 3 4 5 6 7 8 9 10 11

6. Tienes 21 *pennies* para repartir en partes iguales entre 3 niños. ¿Cuántos *pennies* recibe cada niño?

______ *pennies*

¿Cuántos sobran?

______ *pennies*

MLC 114 115

Fecha Hora

LECCIÓN 10·3

Dólares y centavos en la calculadora

Para marcar $4.27 en tu calculadora, oprime (4) (.) (2) (7).

Para marcar 35¢ en tu calculadora, oprime (.) (3) (5).

1. Marca $3.58 en tu calculadora. La pantalla muestra ____________.

2. Marca las siguientes cantidades en tu calculadora.

Anota lo que veas en la pantalla.
No olvides borrar entre una anotación y la otra.

Precio **Pantalla**

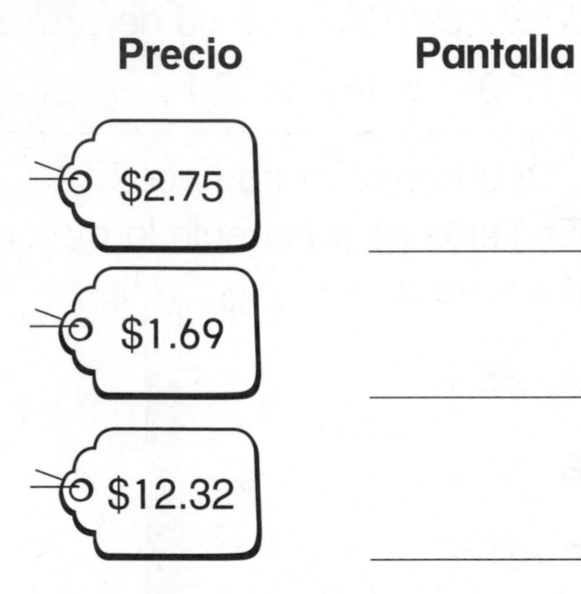

Inventa precios que sean mayores que $1.00.

3. Marca 68¢ en tu calculadora. La pantalla muestra ____________.

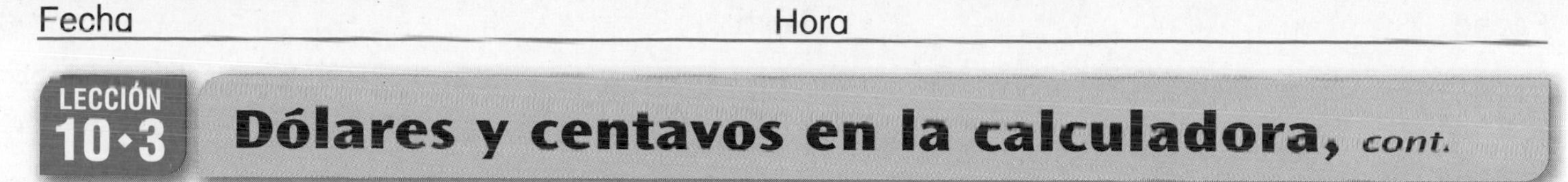

Dólares y centavos en la calculadora, *cont.*

4. Marca las siguientes cantidades en tu calculadora. Anota lo que veas en la pantalla.

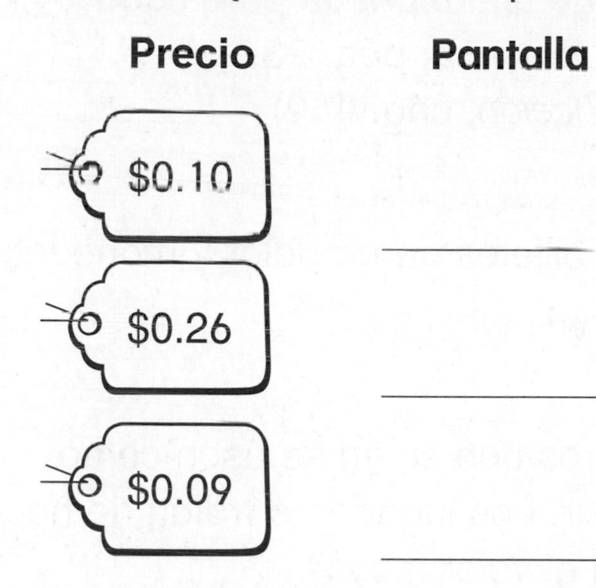

Inventa precios que sean menores que $1.00.

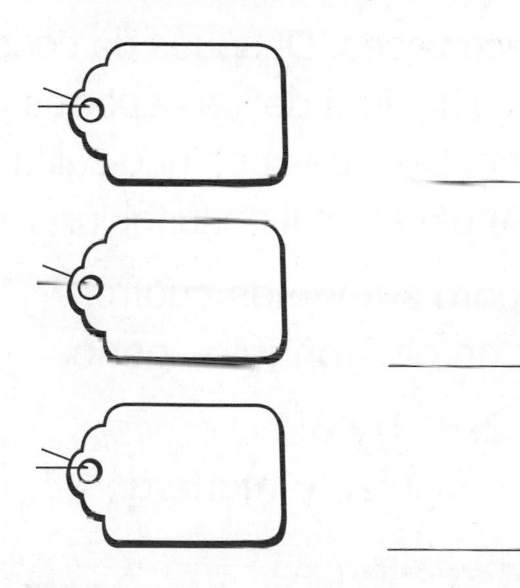

5. Usa tu calculadora para sumar $1.55 y $0.25.

¿Qué muestra la pantalla? ______

Explica lo que pasó. ______________________

LECCIÓN 10•3

Instrucciones para *Elige una moneda*

Materiales ☐ 1 dado ☐ una calculadora para cada jugador

☐ tabla de registro de *Elige una moneda* para cada jugador (*Diario del estudiante* 2, pág. 237 u *Originales para reproducción*, pág. 469)

Jugadores 2 a 4

Destreza Sumar combinaciones de billetes de un dólar y monedas

Objetivo del juego Sumar el mayor valor

Resumen

Los jugadores lanzan un dado. Los números que salen se usan como números de monedas y billetes de un dólar. Los jugadores tratan de hacer colecciones de monedas y de billetes con el valor mayor.

Instrucciones

Túrnense. Cuando sea tu turno, lanza el dado cinco veces. Después de cada tiro, anota el número que aparece en el dado en cualquiera de los espacios vacíos de la fila de ese turno en tu tabla de registro. Después usa una calculadora para hallar la cantidad total de ese turno. Anota el total en la tabla.

Después de cuatro turnos, usa la calculadora para sumar los cuatro totales. El jugador que tenga el número mayor en el Gran total, gana.

Ejemplo: En su primer turno, Brian sacó 4, 2, 4, 1 y 6. Completó su tabla de registro de la siguiente manera:

Tabla de registro de *Elige una moneda*

	Ⓟ	Ⓝ	Ⓓ	Ⓠ	$1	Total
1er turno	2	1	4	4	6	$7 . 47
2do turno						$___ . ___
3er turno						$___ . ___
4to turno						$___ . ___
				Gran total		$___ . ___

LECCIÓN 10•3

Tablas de registro de *Elige una moneda*

	Ⓟ	Ⓝ	Ⓓ	Ⓠ	$1	Total
1er turno						$___ . _____
2do turno						$___ . _____
3er turno						$___ . _____
4to turno						$___ . _____
					Gran total	$___ . _____

	Ⓟ	Ⓝ	Ⓓ	Ⓠ	$1	Total
1er turno						$___ . _____
2do turno						$___ . _____
3er turno						$___ . _____
4to turno						$___ . _____
					Gran total	$___ . _____

	Ⓟ	Ⓝ	Ⓓ	Ⓠ	$1	Total
1er turno						$___ . _____
2do turno						$___ . _____
3er turno						$___ . _____
4to turno						$___ . _____
					Gran total	$___ . _____

Fecha Hora

LECCIÓN 10·3

Hallar la mediana

Una manera de hallar la mediana:

◆ Encierra las marcas de conteo.

Ejemplo:

Braza (pulgadas)	Frecuencia	
	Marcas	Número
42	(/)(/)	2
43		
44	(/)	1
45		
46	(/)/ /(/)	4
47	(/)(/)	2
48		
49	(/)	1
Total		

Mediana 46 pulgadas

Otra manera:

◆ Ordena los datos de las brazas en pulgadas.

Ejemplo:

~~42~~, ~~42~~, ~~44~~, ~~46~~, 46, 46, ~~46~~, ~~47~~, ~~47~~, ~~49~~

Mediana 46 pulgadas

Halla la mediana de dos maneras. Muestra tu trabajo.

1. Una manera:

Número de hermanos	Frecuencia	
	Marcas	Número
6		
5	/	1
4		
3	/ / / /	4
2	/ /	2
1	/ / / /	4
0	/	1
Total		**12**

Mediana ____________ hermanos

2. Otra manera:

0 1 1 1 1 2 2 3 3 3 3 5

Mediana ____________ hermanos

Fecha Hora

LECCIÓN 10•3

Cajas matemáticas

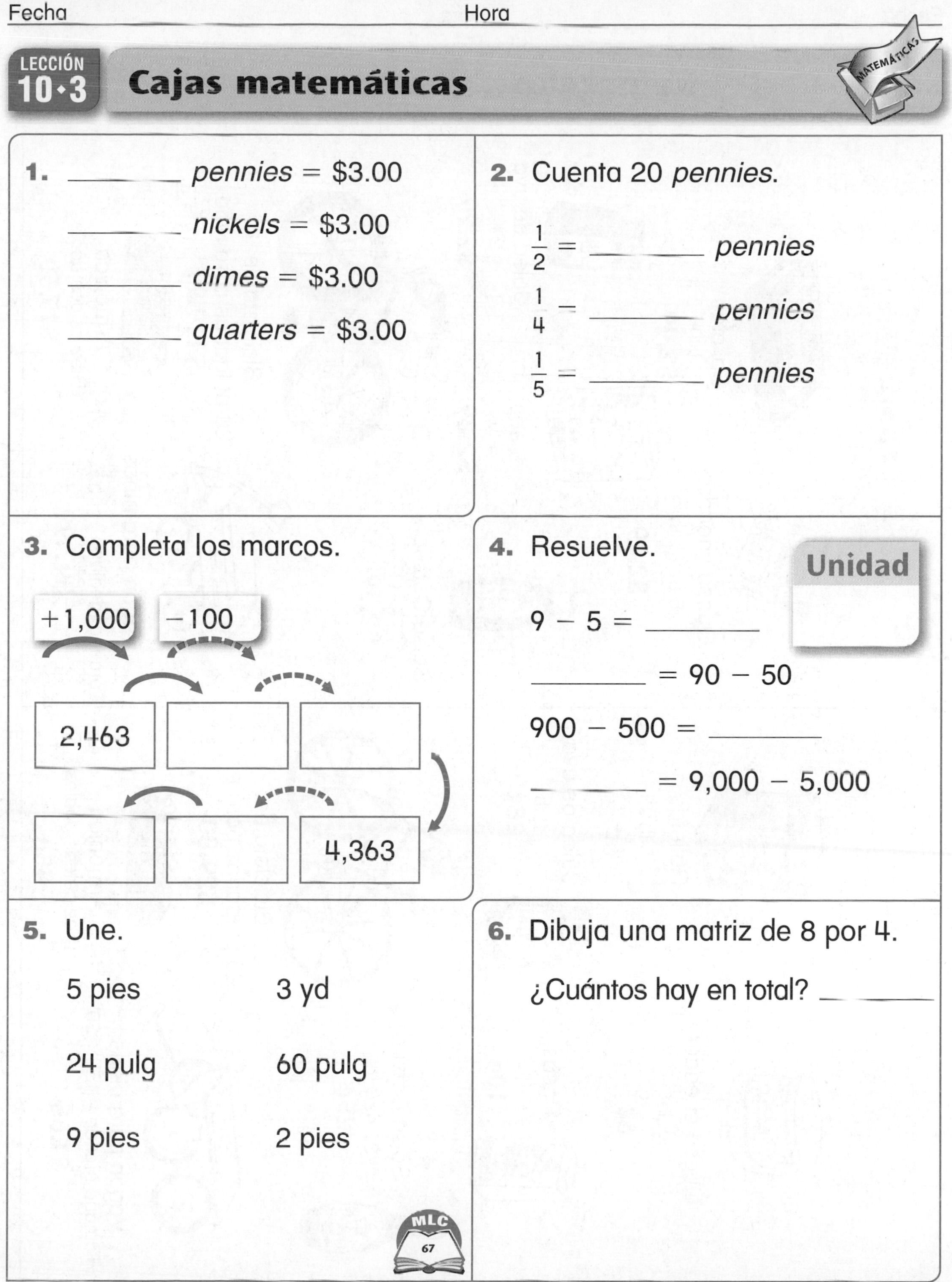

1. _______ *pennies* = $3.00

_______ *nickels* = $3.00

_______ *dimes* = $3.00

_______ *quarters* = $3.00

2. Cuenta 20 *pennies*.

$\frac{1}{2}$ = _______ *pennies*

$\frac{1}{4}$ = _______ *pennies*

$\frac{1}{5}$ = _______ *pennies*

3. Completa los marcos.

4. Resuelve.

9 − 5 = _______

_______ = 90 − 50

900 − 500 = _______

_______ = 9,000 − 5,000

5. Une.

5 pies	3 yd
24 pulg	60 pulg
9 pies	2 pies

6. Dibuja una matriz de 8 por 4.

¿Cuántos hay en total? _______

LECCIÓN 10•4

Cartel de precios de antes y de ahora

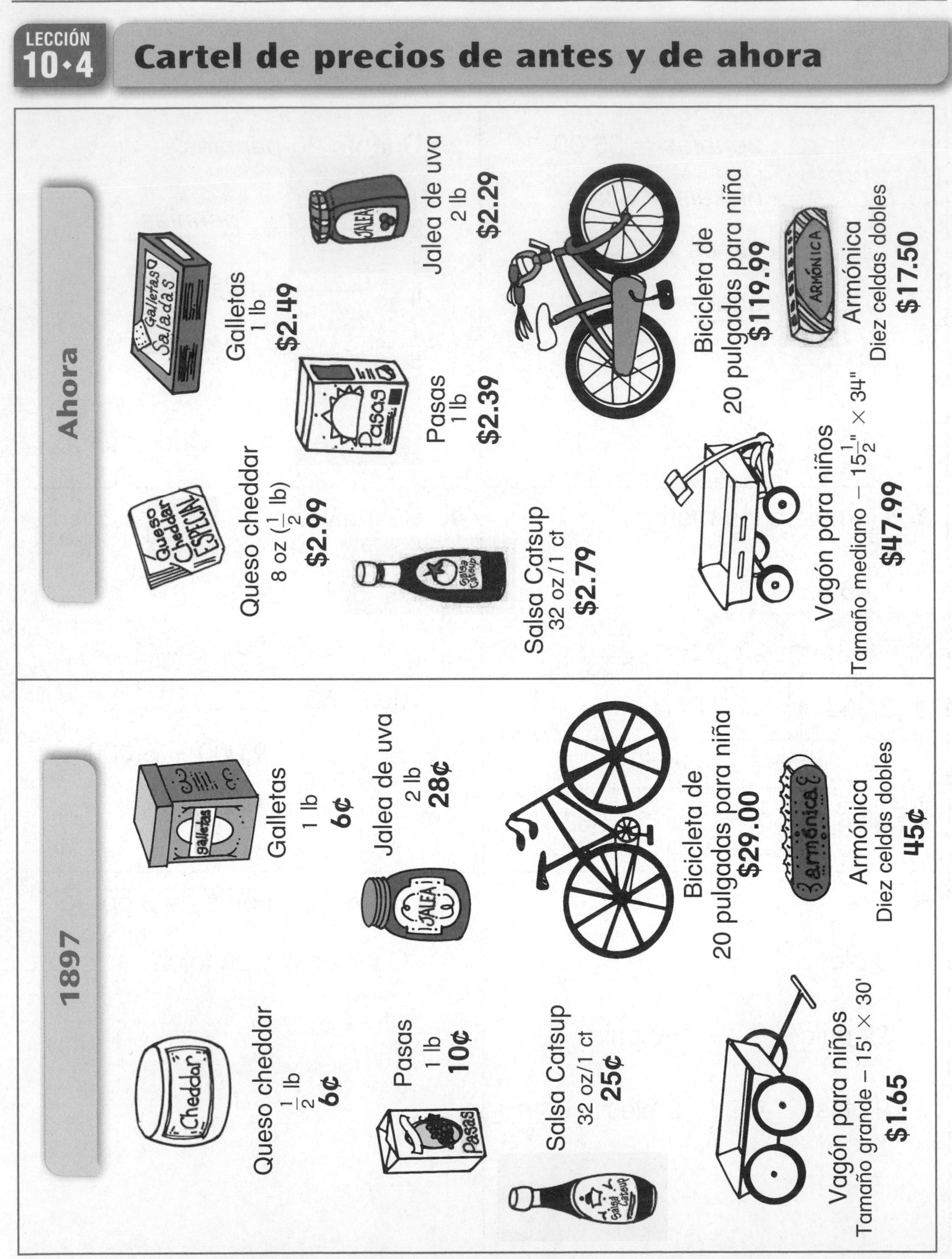

LECCIÓN 10•4

Precios de antes y de ahora

Usa tu calculadora.

1. ¿Cuánto costaba una bicicleta de 20 pulgadas en 1897? ____________

¿Cuánto cuesta ahora? ____________

¿Cuánto más cuesta ahora? ____________

2. ¿Cuánto más cuesta una libra de queso ahora que en 1897?

____

3. En 1897, las pasas se empacaban en cajas de cartón. Cada cartón contenía 24 cajas de una libra.

¿Cuánto costaba un cartón? ____________

¿Cuánto costaría ahora? ____________

4. ¿Qué artículo tuvo el mayor incremento de precio desde entonces?

____________________ tuvo el mayor incremento de precio.

¿Cuánto más cuesta ahora? ____________

5. Éstos son nuestros problemas de "antes y ahora":

____

____

____

____

____

____

Fecha Hora

LECCIÓN 10•4

Cajas matemáticas

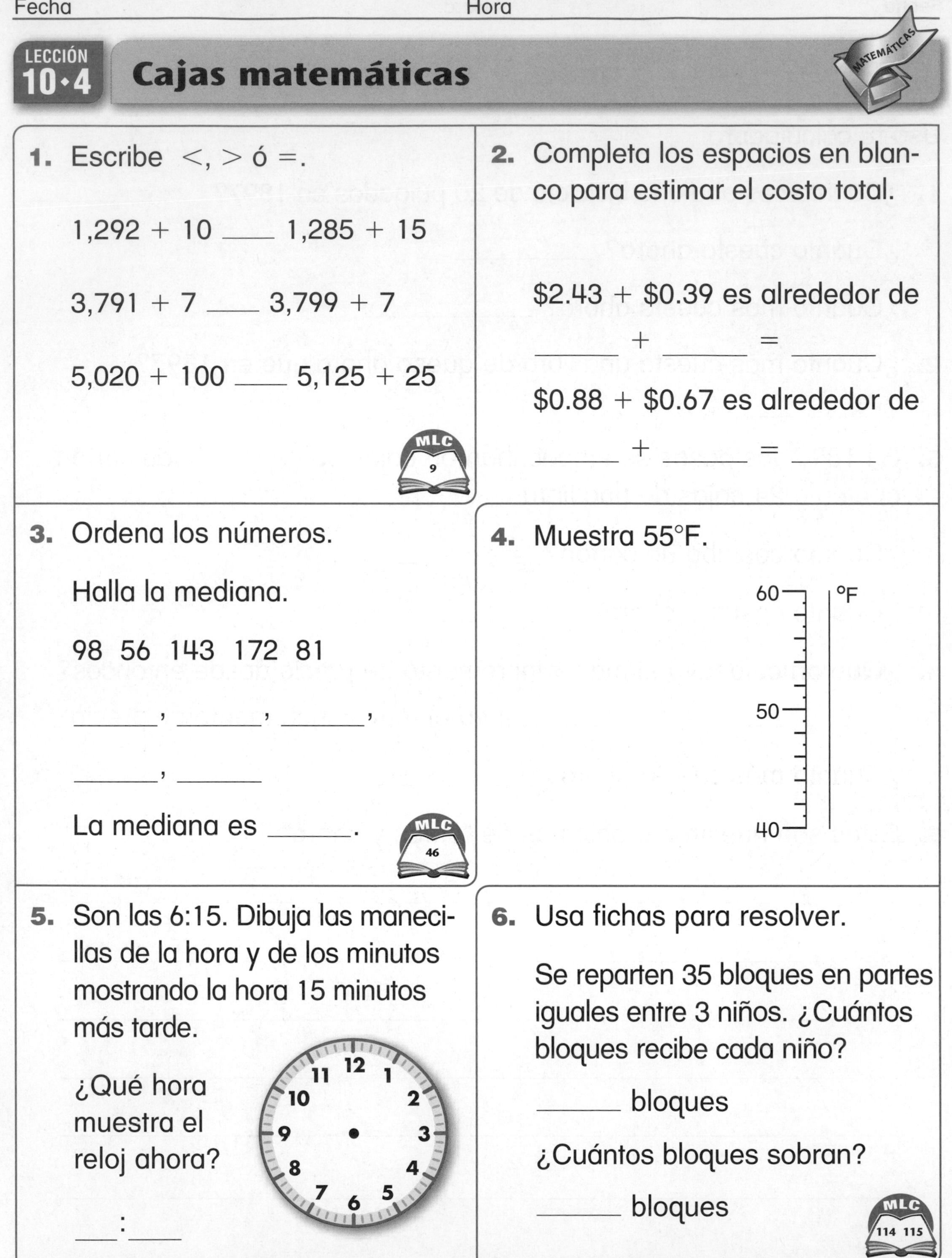

1. Escribe $<, >$ ó $=$.

1,292 + 10 ____ 1,285 + 15

3,791 + 7 ____ 3,799 + 7

5,020 + 100 ____ 5,125 + 25

MLC 9

2. Completa los espacios en blanco para estimar el costo total.

\$2.43 + \$0.39 es alrededor de

_____ + _____ = _____

\$0.88 + \$0.67 es alrededor de

_____ + _____ = _____

3. Ordena los números.

Halla la mediana.

98 56 143 172 81

_____, _____, _____,

_____, _____

La mediana es _____.

MLC 46

4. Muestra 55°F.

5. Son las 6:15. Dibuja las manecillas de la hora y de los minutos mostrando la hora 15 minutos más tarde.

¿Qué hora muestra el reloj ahora?

___:___

6. Usa fichas para resolver.

Se reparten 35 bloques en partes iguales entre 3 niños. ¿Cuántos bloques recibe cada niño?

_____ bloques

¿Cuántos bloques sobran?

_____ bloques

MLC 114 115

Fecha _______________ Hora _______________

LECCIÓN 10•5

Estimar y comprar alimentos

Elige artículos para comprar del Cartel de ofertas de la página 230 de tu diario. En cada compra:

- Anota los artículos en la nota de venta.
- Escribe el precio de cada artículo en la nota de venta.
- Estima el costo total y anótalo.
- Luego tu compañero usa la calculadora para hallar el costo total exacto y lo escribe en la nota de venta.

Compra 1 **Precio**

Artículos:

_______________ $ ___.___

_______________ $ ___.___

Costo estimado: alrededor de $ 1 . 60

Costo total exacto: $ 1 . 58

Compra 2 **Precio**

Artículos:

_______________ $ ___.___

_______________ $ ___.___

Costo estimado: alrededor de $ ___.___

Costo total exacto: $ ___.___

Compra 3 **Precio**

Artículos:

_______________ $ ___.___

_______________ $ ___.___

Costo estimado: alrededor de $ ___.___

Costo total exacto: $ ___.___

LECCIÓN 10•5

Cajas matemáticas

1. Muestra \$1.73 de dos formas diferentes. Usa Ⓟ, Ⓝ, Ⓓ y Ⓠ.

____

____

____

____

2. Dibuja 10 niños.

$\frac{1}{2}$ juegan a la pelota.

¿Cuántos son? _____

$\frac{3}{10}$ saltan la cuerda.

¿Cuántos son? _____

$\frac{1}{5}$ patinan. ¿Cuántos son? _____

3. Escribe la regla y los números que faltan.

Regla

entra	sale
1,342	2,342
3,019	4,019
4,650	
	6,700

4. Resuelve.

Unidad
km

$6 + 5 =$ _________

$60 + 50 =$ _________

$600 + 500 =$ _________

$6{,}000 + 5{,}000 =$

5. Escribe <, > ó =.

1 ct _____ 1 pt

3 tz _____ 1 gal

1 ct _____ 4 tz

1 gal _____ 5 pt

MLC 9

6. Hay 3 cajas de bebidas por paquete. ¿Cuántos paquetes se necesitan para 25 estudiantes de 2do grado y 2 maestros, con una caja para cada uno? Dibuja una matriz. Encierra la mejor respuesta. Se necesitan _____ paquetes.

A. 30 **B.** 8 **C.** 9 **D.** 10

MLC 112 113

Fecha Hora

LECCIÓN 10•6

Cajas matemáticas

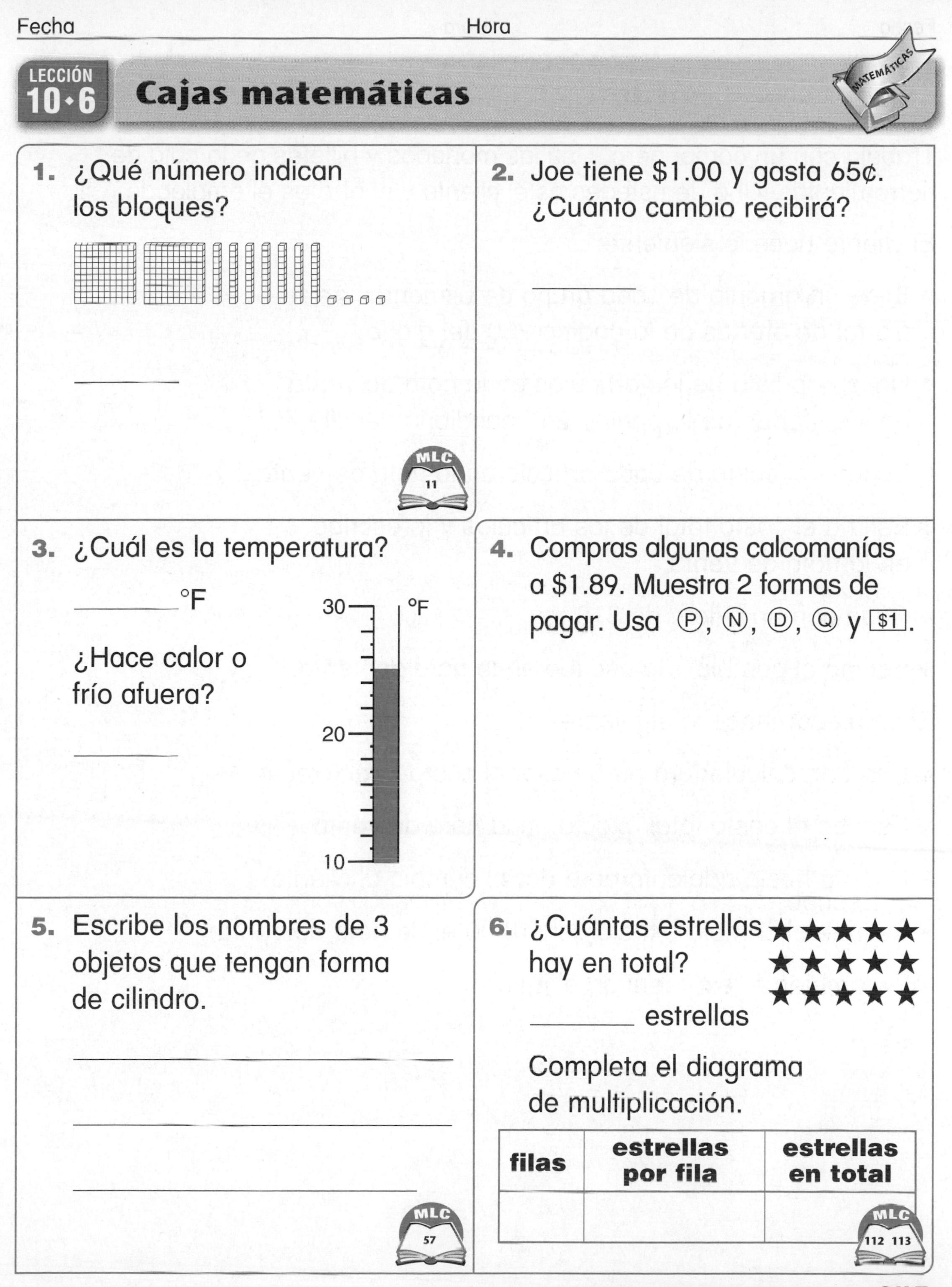

1. ¿Qué número indican los bloques?

____

2. Joe tiene $1.00 y gasta 65¢. ¿Cuánto cambio recibirá?

____

3. ¿Cuál es la temperatura?

_______ °F

¿Hace calor o frío afuera?

____

4. Compras algunas calcomanías a $1.89. Muestra 2 formas de pagar. Usa Ⓟ, Ⓝ, Ⓓ, Ⓠ y $1.

5. Escribe los nombres de 3 objetos que tengan forma de cilindro.

____

____

____

6. ¿Cuántas estrellas hay en total?

_______ estrellas

Completa el diagrama de multiplicación.

filas	estrellas por fila	estrellas en total

LECCIÓN 10•6

Dar cambio

Trabaja con un compañero. Usa las monedas y billetes de la caja de herramientas. Uno de ustedes es el cliente y el otro es el empleado.

El cliente hace lo siguiente:

- ◆ Elige un artículo de cada grupo de alimentos del Cartel de ofertas de la página 230 del diario.
- ◆ Hace una lista de los artículos en la nota de venta de las ofertas de la página 247 del diario del cliente.
- ◆ Escribe el costo de cada artículo en la nota de venta.
- ◆ Estima el costo total de los artículos y lo escribe en la nota de venta.
- ◆ Paga con un billete de $10.
- ◆ Estima el cambio y lo escribe en la nota de venta.

El empleado hace lo siguiente:

- ◆ Usa una calculadora para hallar el costo total exacto.
- ◆ Escribe el costo total exacto en la nota de venta.
- ◆ Cuenta hacia adelante para dar el cambio al cliente.
- ◆ Escribe el cambio exacto de $10.00 en la nota de venta.

Intercambien roles y repitan el juego.

LECCIÓN 10•6

Dar cambio, *cont.*

Nota de venta de la tienda de ofertas

	Artículo	Costo
Grupo de frutas y verduras	______	$ ___ . ___
Grupo de cereales	______	$ ___ . ___
Grupo de carnes	______	$ ___ . ___
Grupo de lácteos	______	$ ___ . ___
Otros artículos	______	$ ___ . ___
Costo total estimado		$ ___ . ___
Cambio estimado de $10.00		$ ___ . ___
Costo total exacto		$ ___ . ___
Cambio exacto de $10.00		$ ___ . ___

LECCIÓN 10•7

El área de la huella de mi mano

El área de cada ☐ es de 1 centímetro cuadrado. Otras formas de escribir *centímetro cuadrado* son "cm cuadrado" y "cm^2". El área de la huella de mi mano es de _____ centímetros cuadrados o _____ cm cuadrados.

Fecha Hora

LECCIÓN 10•7

El área de la huella de mi pie

El área de cada ☐ es de 1 centímetro cuadrado. Otras formas de escribir centímetro cuadrado son "cm cuadrado" y "cm^2". El área de la huella de mi pie es de ___ centímetros cuadrados o _____ cm cuadrados.

LECCIÓN 10•7

Mesas de trabajo

Usa una Plantilla de bloques geométricos para dibujar cada una de las mesas de trabajo de diferente tamaño y diferente forma que hiciste. Escribe el nombre de cada figura junto a tu dibujo.

Fecha Hora

LECCIÓN 10•7

Papel punteado para geoplano

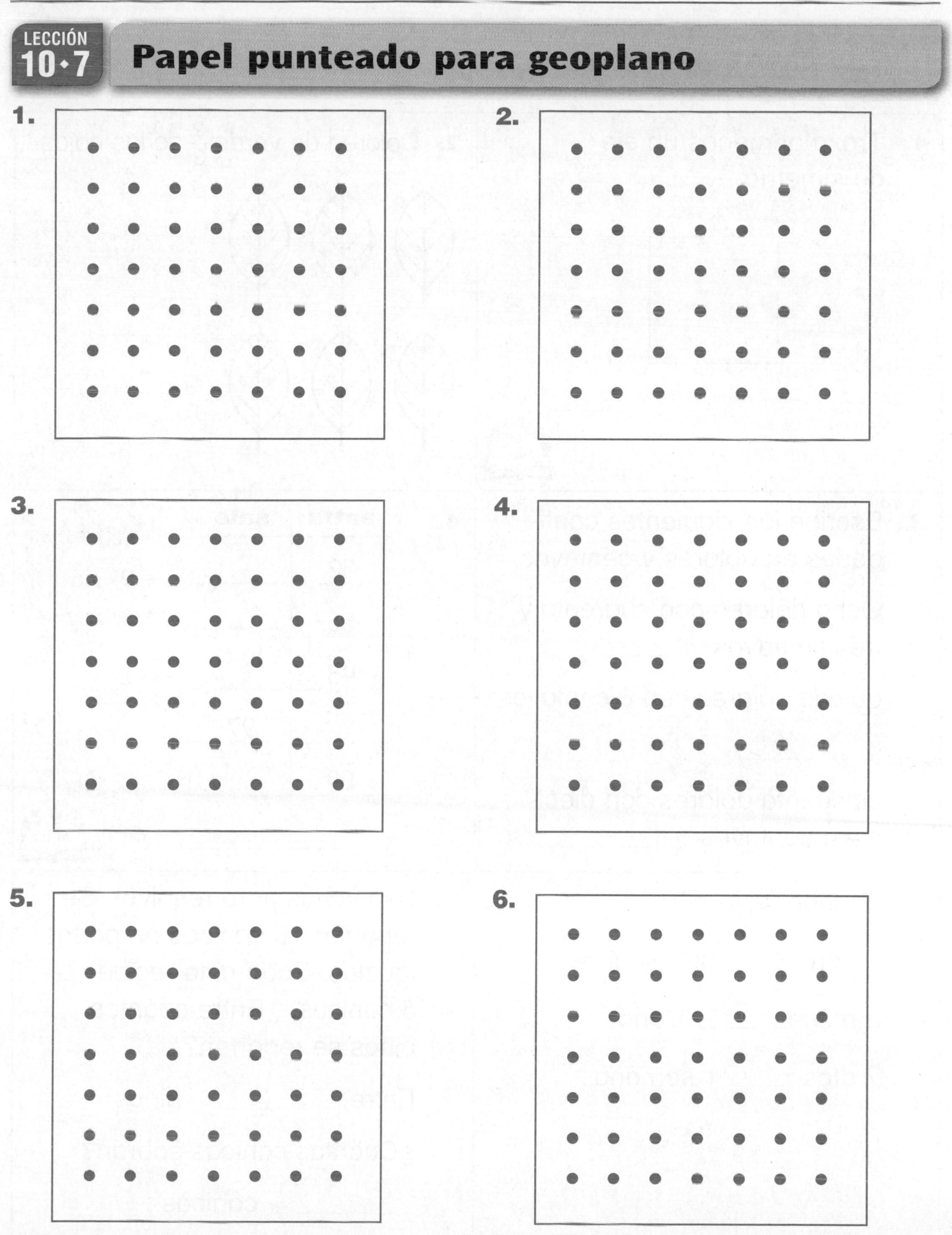

LECCIÓN 10•7

Cajas matemáticas

1. Traza al menos un eje de simetría.

MLC 60

2. Colorea de verde $\frac{2}{3}$ de las hojas.

3. Escribe las siguientes cantidades en dólares y centavos.

Ocho dólares con cuarenta y tres centavos: ________

quince dólares con 6 centavos: ________

cincuenta dólares con diecisiete centavos: ________

4.

entra	sale
32	
56	
45	
	97
89	

Regla

+9

MLC 101 102

5. Escribe <, > ó =.

1 hora ____ 30 minutos

3 meses ____ 1 año

7 días ____ 1 semana

6. Usa fichas para resolver. Se reparten 15 canicas en partes iguales. Cada niño recibe 6 canicas. ¿Entre cuántos niños se reparten?

Entre ________ niños

¿Cuántas canicas sobran?

________ canicas

LECCIÓN 10·8

Instrucciones para el *Juego de intercambio de dinero*

Materiales
- ☐ 1 dado de seis lados
- ☐ 1 dado de diez o doce lados
- ☐ 24 *pennies*, 39 *dimes*, treinta y nueve billetes de $1 y un billete de $10 por jugador

Jugadores 2 ó 3

Destreza Hacer intercambios entre monedas y billetes

Objetivo del juego Ser el primero en cambiar por $10

Instrucciones

1. Cada jugador pone 12 *pennies*, 12 *dimes*, doce billetes de $1 y un billete de $10 en el banco.
2. Los jugadores se turnan. Usan un dado de seis lados para representar los *pennies* y un dado de diez o doce lados para representar los *dimes*.
3. Cada jugador:
   - ◆ lanza los dados.
   - ◆ toma del banco el número de *pennies* y *dimes* que indiquen las caras de los dados.
   - ◆ pone las monedas en las columnas correctas de su Tablero de valor posicional de la página 254 de su diario.
4. Siempre que sea posible, el jugador reemplaza 10 monedas o billetes de menor valor por una moneda o billete del valor mayor que le sigue.
5. El primer jugador que cambie por un billete de $10 es el ganador.

Si hay límite de tiempo, gana el jugador que tenga la cantidad mayor en su tablero cuando se acabe el tiempo.

LECCIÓN 10•8

Tablero de valor posicional

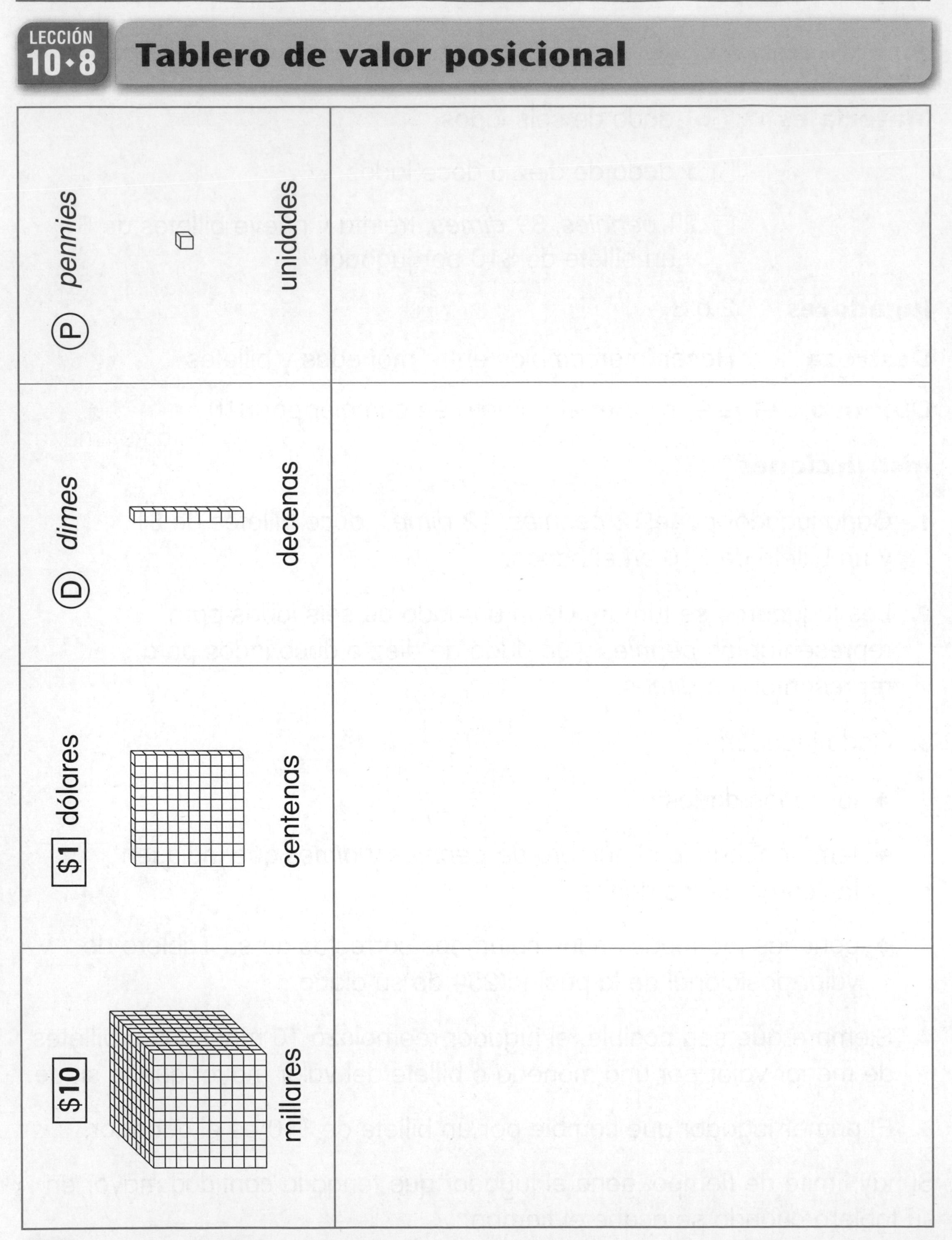

LECCIÓN 10•8

Cálculos aproximados

Completa la caja de las unidades. Luego, para cada problema:

Unidad

Haz un cálculo aproximado antes de sumar.

Escribe un modelo numérico para tu estimación.

Usa la calculadora para resolver el problema. Escribe la respuesta exacta en la caja.

Compara tu estimación con tu respuesta.

1. Cálculo aproximado:	**2.** Cálculo aproximado:	**3.** Cálculo aproximado:
148 + 27	163 + 32	133 + 35
4. Cálculo aproximado:	**5.** Cálculo aproximado:	**6.** Cálculo aproximado:
143 + 41	184 + 23	154 + 83

LECCIÓN 10·8

Cajas matemáticas

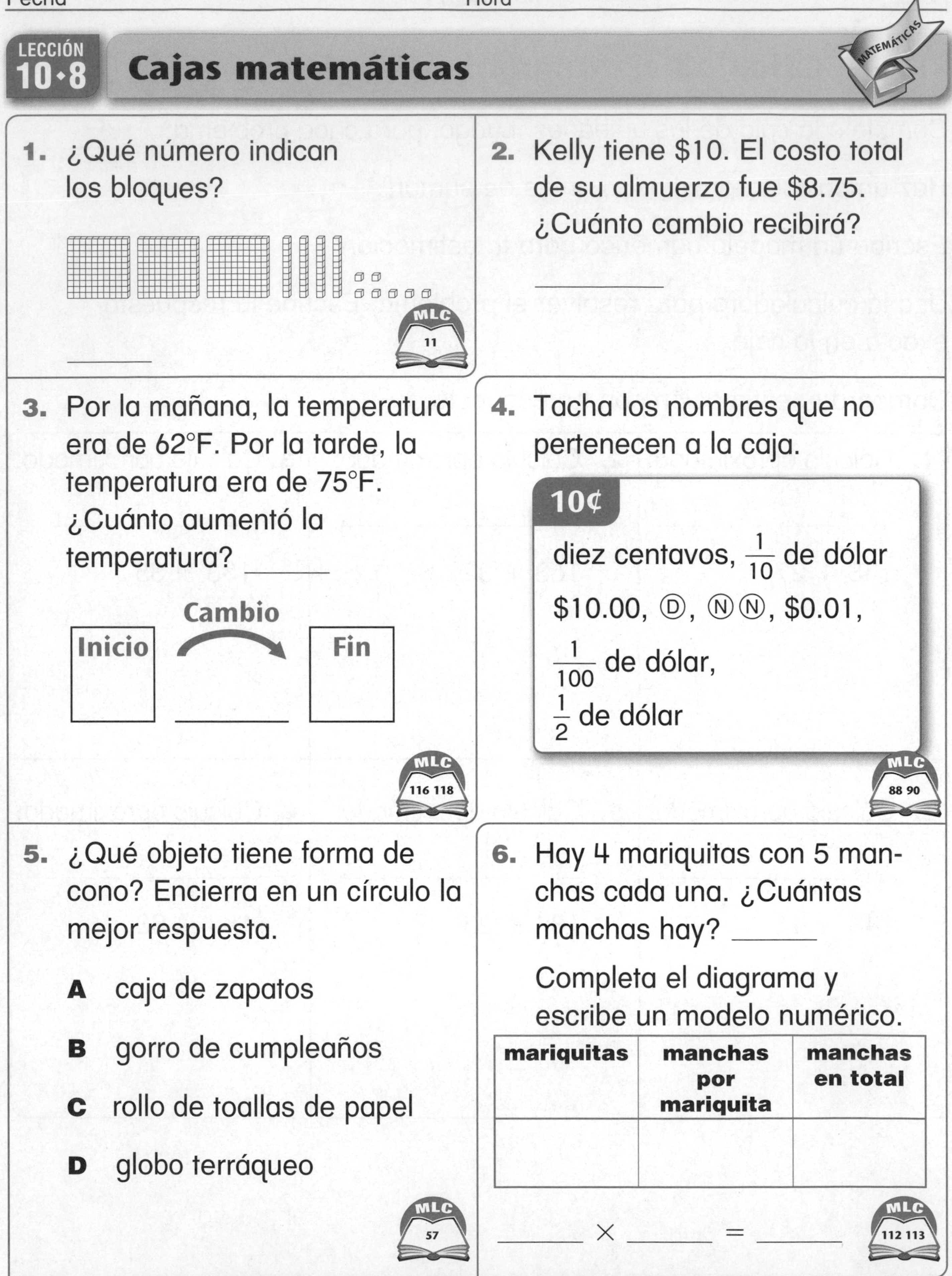

1. ¿Qué número indican los bloques?

_____

MLC 11

2. Kelly tiene $10. El costo total de su almuerzo fue $8.75. ¿Cuánto cambio recibirá?

_____

3. Por la mañana, la temperatura era de 62°F. Por la tarde, la temperatura era de 75°F. ¿Cuánto aumentó la temperatura? _____

Cambio

Inicio → Fin

MLC 116 118

4. Tacha los nombres que no pertenecen a la caja.

10¢

diez centavos, $\frac{1}{10}$ de dólar

$10.00, Ⓓ, ⓃⓃ, $0.01,

$\frac{1}{100}$ de dólar,

$\frac{1}{2}$ de dólar

MLC 88 90

5. ¿Qué objeto tiene forma de cono? Encierra en un círculo la mejor respuesta.

A caja de zapatos

B gorro de cumpleaños

C rollo de toallas de papel

D globo terráqueo

MLC 57

6. Hay 4 mariquitas con 5 manchas cada una. ¿Cuántas manchas hay? _____

Completa el diagrama y escribe un modelo numérico.

mariquitas	manchas por mariquita	manchas en total

_____ × _____ = _____

MLC 112 113

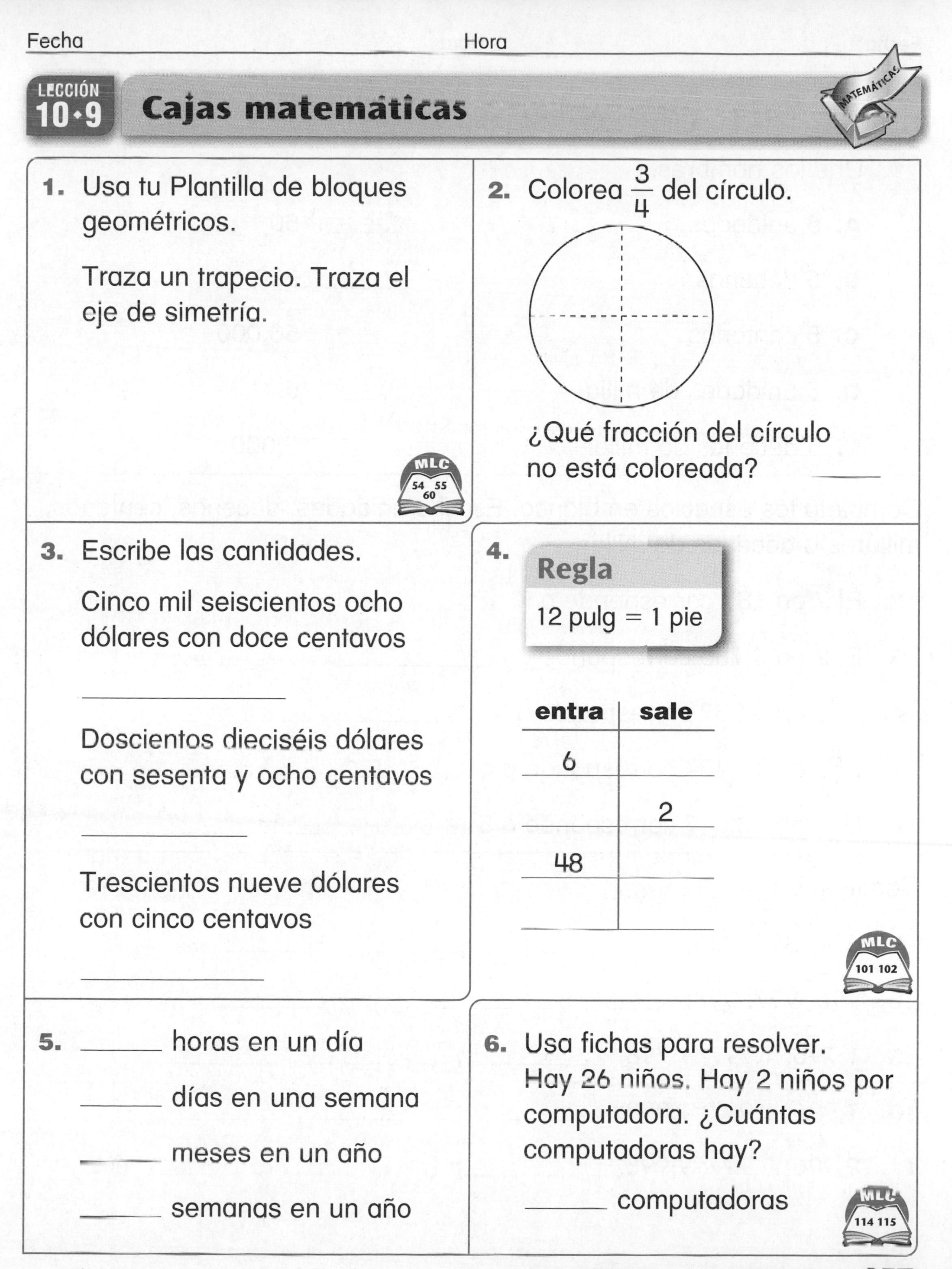

LECCIÓN 10•9

Cajas matemáticas

1. Usa tu Plantilla de bloques geométricos.

Traza un trapecio. Traza el eje de simetría.

MLC 54 55 60

2. Colorea $\frac{3}{4}$ del círculo.

¿Qué fracción del círculo no está coloreada? ____

3. Escribe las cantidades.

Cinco mil seiscientos ocho dólares con doce centavos

____

Doscientos dieciséis dólares con sesenta y ocho centavos

____

Trescientos nueve dólares con cinco centavos

____

4.

Regla

12 pulg = 1 pie

entra	sale
6	
	2
48	

MLC 101 102

5. ____ horas en un día

____ días en una semana

____ meses en un año

____ semanas en un año

6. Usa fichas para resolver. Hay 26 niños. Hay 2 niños por computadora. ¿Cuántas computadoras hay?

____ computadoras

MLC 114 115

LECCIÓN 10•10

Valor posicional

1. Une los nombres.

A. 5 unidades ________ 50

B. 5 decenas ________ 500

C. 5 centenas ________ 50,000

D. 5 unidades de millar ________ 5

E. 5 decenas de millar ________ 5,000

Completa los espacios en blanco. Escribe unidades, decenas, centenas, millares o decenas de millar.

2. El 7 en 187 corresponde a 7 ________________.

3. El 2 en 2,785 corresponde a 2 ________________.

4. El 3 en 4,239 corresponde a 3 ________________.

5. El 0 en 13,409 corresponde a 0 ________________.

6. El 5 en 58,047 corresponde a 5 ________________.

Continúa.

7. 364; 365; 366; ________; ________; ________

8. 996; 997; 998; ________; ________; ________

9. 1,796; 1,797; 1,798; ________; ________; ________

10. 1,996; 1,997; 1,998; ________; ________; ________

11. 9,996; 9,997; 9,998; ________; ________; ________

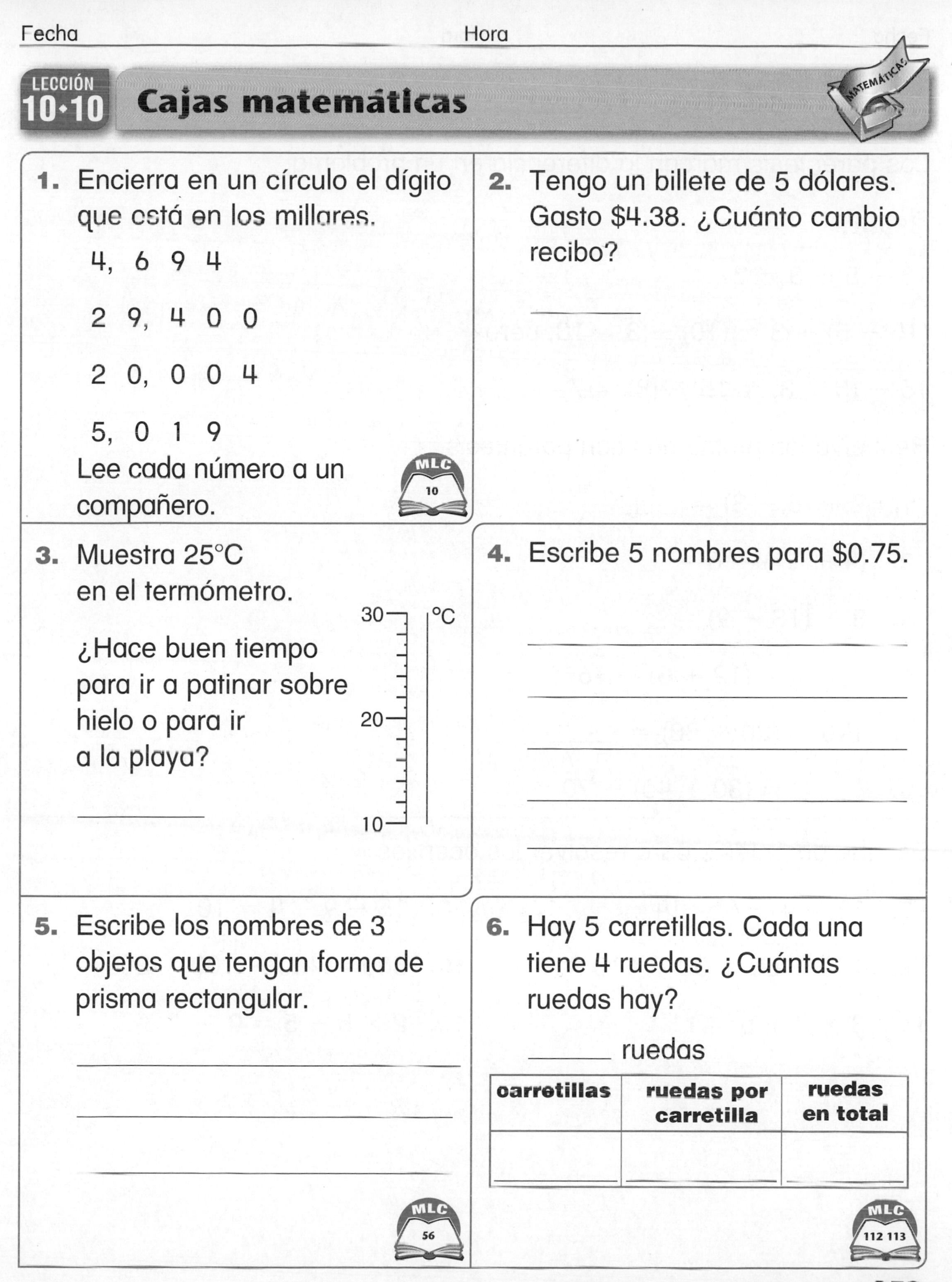

LECCIÓN 10•10

Cajas matemáticas

1. Encierra en un círculo el dígito que está en los millares.

4, 6 9 4

2 9, 4 0 0

2 0, 0 0 4

5, 0 1 9

Lee cada número a un compañero.

MLC 10

2. Tengo un billete de 5 dólares. Gasto $4.38. ¿Cuánto cambio recibo?

______

3. Muestra 25°C en el termómetro.

¿Hace buen tiempo para ir a patinar sobre hielo o para ir a la playa?

______

4. Escribe 5 nombres para $0.75.

______

______

______

______

______

5. Escribe los nombres de 3 objetos que tengan forma de prisma rectangular.

______

______

______

MLC 56

6. Hay 5 carretillas. Cada una tiene 4 ruedas. ¿Cuántas ruedas hay?

______ ruedas

carretillas	ruedas por carretilla	ruedas en total

MLC 112 113

Fecha Hora

LECCIÓN 10•11

Acertijos de paréntesis

Los paréntesis marcan la diferencia en un problema.

Ejemplo:

$15 - 5 + 3 = ?$

$(15 - 5) + 3 = (10) + 3 = 13$; pero

$15 - (5 + 3) = 15 - (8) = 7$

Resuelve los problemas con paréntesis.

1. $7 + (8 - 3) =$ _____

2. $(4 + 11) - 6 =$ _____

3. $8 + (13 - 9) =$ _____

4. _____ $= (12 + 8) - 16$

5. $140 - (20 + 80) =$ _____

6. _____ $= (30 + 40) - 70$

Escribe paréntesis para resolver los acertijos.

7. $12 - 4 + 6 = 14$

8. $15 - 9 - 4 = 10$

9. $140 - 60 + 30 = 110$

10. $500 = 400 - 100 + 200$

11. $3 \times 2 + 5 = 11$

12. $2 \times 5 - 5 = 0$

LECCIÓN 10•11

Cajas matemáticas

1. Elige cualquier figura de la Plantilla de bloques geométricos que tenga al menos 2 ejes de simetría. Traza la figura y los ejes de simetría.

2. Encierra en un círculo $\frac{3}{12}$.

¿Qué fracción de los puntos no está dentro del círculo? Encierra en un círculo la mejor respuesta.

A $\frac{9}{3}$ **B** $\frac{9}{12}$

C $\frac{6}{12}$ **D** $\frac{3}{9}$

Escribe otro nombre para esta fracción ________

3. Usa la calculadora para hallar el total.

$1 $1 $1 $1 = $________

Ⓠ Ⓠ Ⓠ = $________

Ⓓ Ⓓ Ⓓ Ⓓ Ⓓ = $________

Ⓝ Ⓝ Ⓝ Ⓝ Ⓝ Ⓝ Ⓝ = $________

Total = $________

4.

Regla
5Ⓝ = 1Ⓠ

Ⓝ	Ⓠ
	3
	4
30	
	10
	20

5. ________ meses = 1 año

________ meses = 2 años

________ meses = 3 años

________ meses = 4 años

6. Tienes 18 chicles para repartir en partes iguales. Si cada niño recibe 4 chicles, ¿entre cuántos niños repartes?

________ niños

¿Cuántos chicles sobran?

________ chicles

LECCIÓN 10•12

Cajas matemáticas

1. Hay 6 hojas de nenúfar y 3 ranas en cada hoja. ¿Cuántas ranas hay en total? _____ ranas

Completa el diagrama y escribe un modelo numérico.

hojas de nenúfar	ranas por hoja	ranas en total

_____ × _____ = _____

2. Dibuja una matriz de 7 por 3.

¿Cuántos hay en total? _____

3. Se reparten en partes iguales 17 revistas entre 5 niños. Haz un dibujo como ayuda.

Cada niño recibe ___ revistas.

Sobran ___ revistas.

4. Hay 8 libros en cada estante. Hay 4 estantes. Completa el diagrama y resuelve.

estantes	libros por estante	libros en total

Hay _____ libros.

5. Ésta es una matriz de _____ por _____.

¿Cuántos puntos hay en total?

_____ puntos

6. Se reparten en partes iguales 11 globos entre 4 niños. ¿Cuántos globos recibe cada niño? _____ globos

¿Cuántos globos sobran?

_____ globos

LECCIÓN 11•1

Cajas matemáticas

1. Encierra en un círculo la unidad que tenga más sentido.

La casa de mi abuelita está a 5 ______ de distancia. km dm

El pez de Mona mide 8 ______ de largo. cm m

El papá de Ahmed mide 68 ______ de alto. cm pulg

2. Encierra en un círculo la fracción que sea mayor. Usa tus Tarjetas de fracciones como ayuda.

$\frac{2}{3}$ ó $\frac{2}{2}$ $\frac{4}{5}$ ó $\frac{2}{5}$

$\frac{2}{8}$ ó $\frac{5}{6}$ $\frac{3}{6}$ ó $\frac{1}{4}$

3. Escribe un número que tenga 5 en el lugar de los millares.

____

¿Cuál es el valor del dígito 5 en tu número?

______

MLC 10 11

4. Dibuja una matriz de 3 por 6.

¿Cuántos hay en total? ______

5. Tenía un billete de \$10. Gasté \$8.90. ¿Cuánto cambio recibí?

______

6. Escribe la familia de operaciones.

8

×, ÷

4 2

______ × ______ = ______

______ × ______ = ______

______ ÷ ______ = ______

______ ÷ ______ = ______

MLC 38

LECCIÓN 11•1

Cartel de artículos de arte

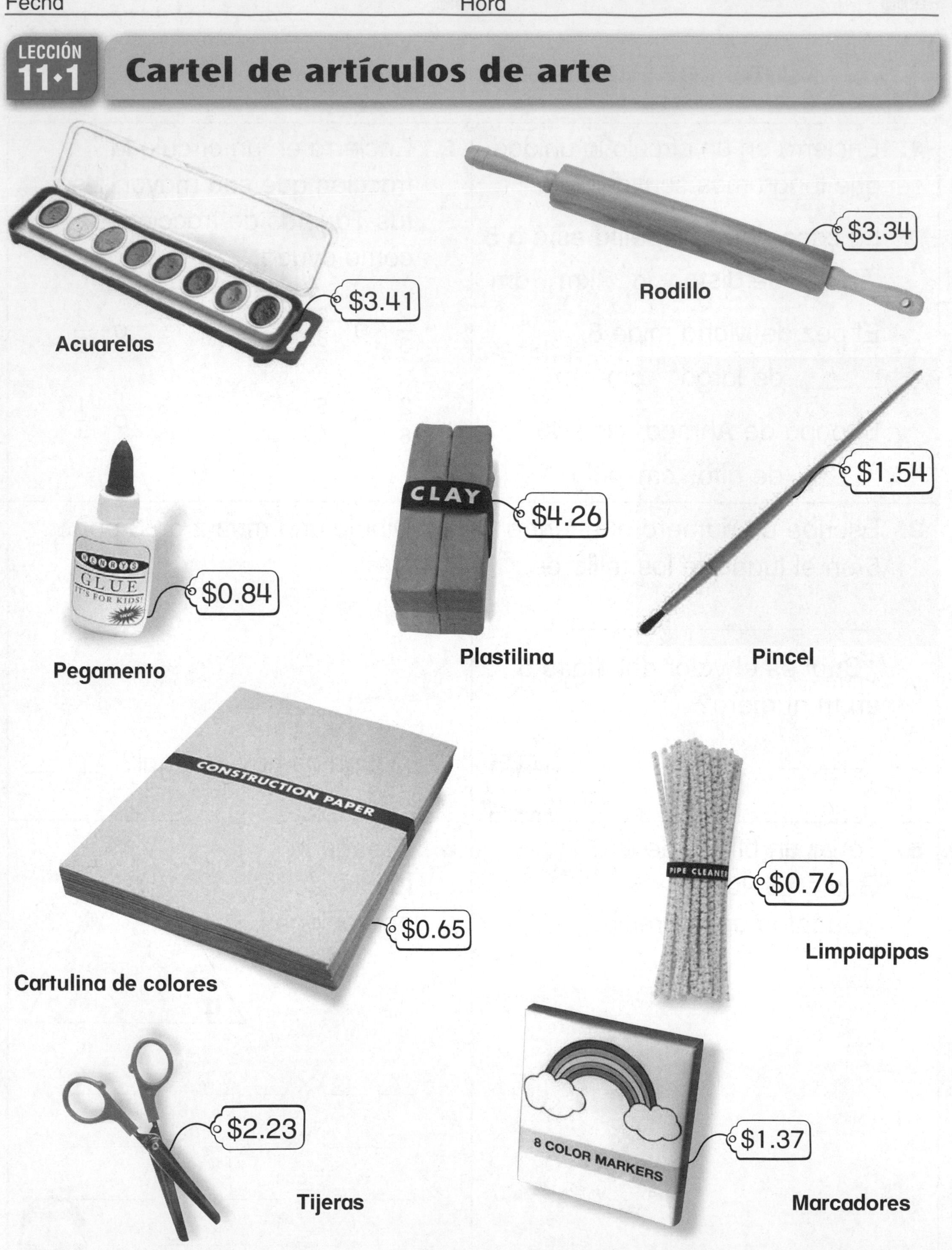

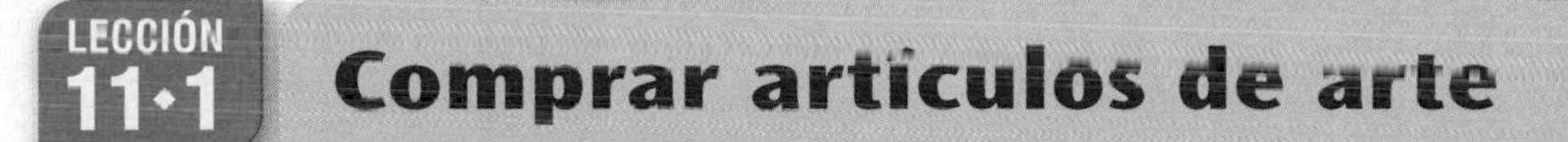

LECCIÓN 11•1 Comprar artículos de arte

Haz una estimación del costo total de cada par de artículos.

Escribe tu estimación en el espacio de la respuesta.

Suma para hallar el costo total.

Comprueba tu estimación con el costo total.

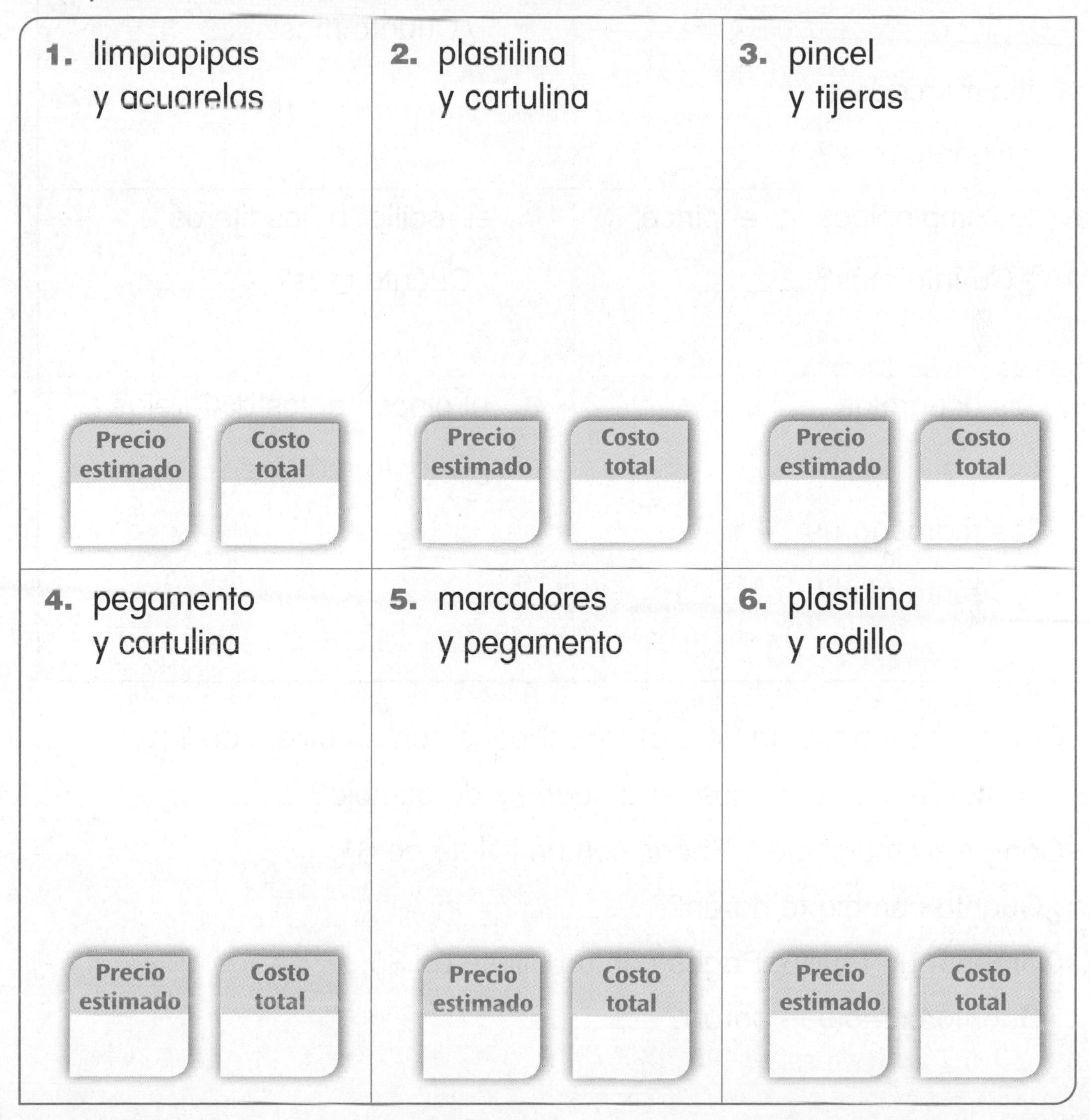

1. limpiapipas y acuarelas	2. plastilina y cartulina	3. pincel y tijeras
Precio estimado / Costo total	Precio estimado / Costo total	Precio estimado / Costo total
4. pegamento y cartulina	**5.** marcadores y pegamento	**6.** plastilina y rodillo
Precio estimado / Costo total	Precio estimado / Costo total	Precio estimado / Costo total

Fecha Hora

LECCIÓN 11·2

Comparación de costos

Usa el Cartel de artículos de arte de la página 264 del diario. En los Problemas 1 al 6, encierra en un círculo el artículo que cuesta más. Luego, averigua cuánto más cuesta.

1. el pegamento o los marcadores ¿Cuánto más? _______	**2.** la cartulina o el pincel ¿Cuánto más? _______
3. los limpiapipas o el pincel ¿Cuánto más? _______	**4.** el rodillo o las tijeras ¿Cuánto más? _______
5. las acuarelas o los marcadores ¿Cuánto más? _______	**6.** el pincel o las acuarelas ¿Cuánto más? _______

7. Compras un paquete de cartulina. Pagas con un billete de $1.
¿Te darán más o menos de 2 *quarters* de cambio? _______

8. Compras limpiapipas. Pagas con un billete de $1.
¿Cuánto cambio te darán? _______

9. Compras un rodillo. Pagas con un billete de $5.
¿Cuánto cambio te darán? _______

Fecha ______________________ Hora ______________________

LECCIÓN 11•2

Análisis de datos

Lily recopiló información sobre las edades de los miembros de su familia.

Completa.

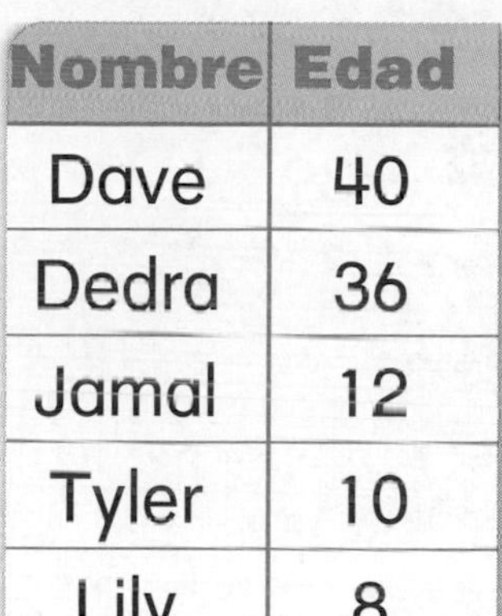

Nombre	Edad
Dave	40
Dedra	36
Jamal	12
Tyler	10
Lily	8

1. La persona mayor es ______________.

   Edad: ________ años

2. La persona más joven es ______________.

   Edad: ________ años

3. Rango de edades (el mayor menos el más joven):

   ________ años

4. Valor del medio de las edades: ________ años

Completa los espacios en blanco con el nombre de la persona correcta.

5. Jamal es alrededor de 4 años mayor que ______________.

6. Tyler es alrededor de 26 años menor que ______________.

7. Dedra tiene alrededor de 3 veces la edad de ______________.

8. Dave tiene alrededor de 4 veces la edad de ______________.

Inténtalo

9. Tyler tiene alrededor de $\frac{1}{4}$ de la edad de ______________.

Fecha Hora

LECCIÓN 11•2

Cajas matemáticas

MATEMÁTICAS

1. Resuelve y muestra tu trabajo.

$$\begin{array}{r} 47 \\ -\ 39 \\ \hline \end{array}$$

Unidad
estudiantes

2. ¿Cuál es el número mínimo (el menor) de la lista?

____

2,371; 429; 578; 1,261

MLC 45

3. ¿Qué forma tiene un globo terráqueo? Encierra en un círculo la mejor respuesta.

A. esfera

B. prisma rectangular

C. cono

D. cilindro

MLC 56 59

4. 20 campistas se reparten por igual en 5 carpas. ¿Cuántos campistas hay en cada carpa?

__________ campistas

5. Escribe los números que faltan.

		1,065	
	1,074		

6. ¿Cuál es el rango de este conjunto de números (el mayor menos el menor)?

____

75, 93, 108, 52

MLC 45

LECCIÓN 11·3

Restar cambiando primero

- Haz un cálculo aproximado para cada problema y escribe un modelo numérico para tu cálculo aproximado.
- Usa el método de restar cambiando primero para resolver cada problema.

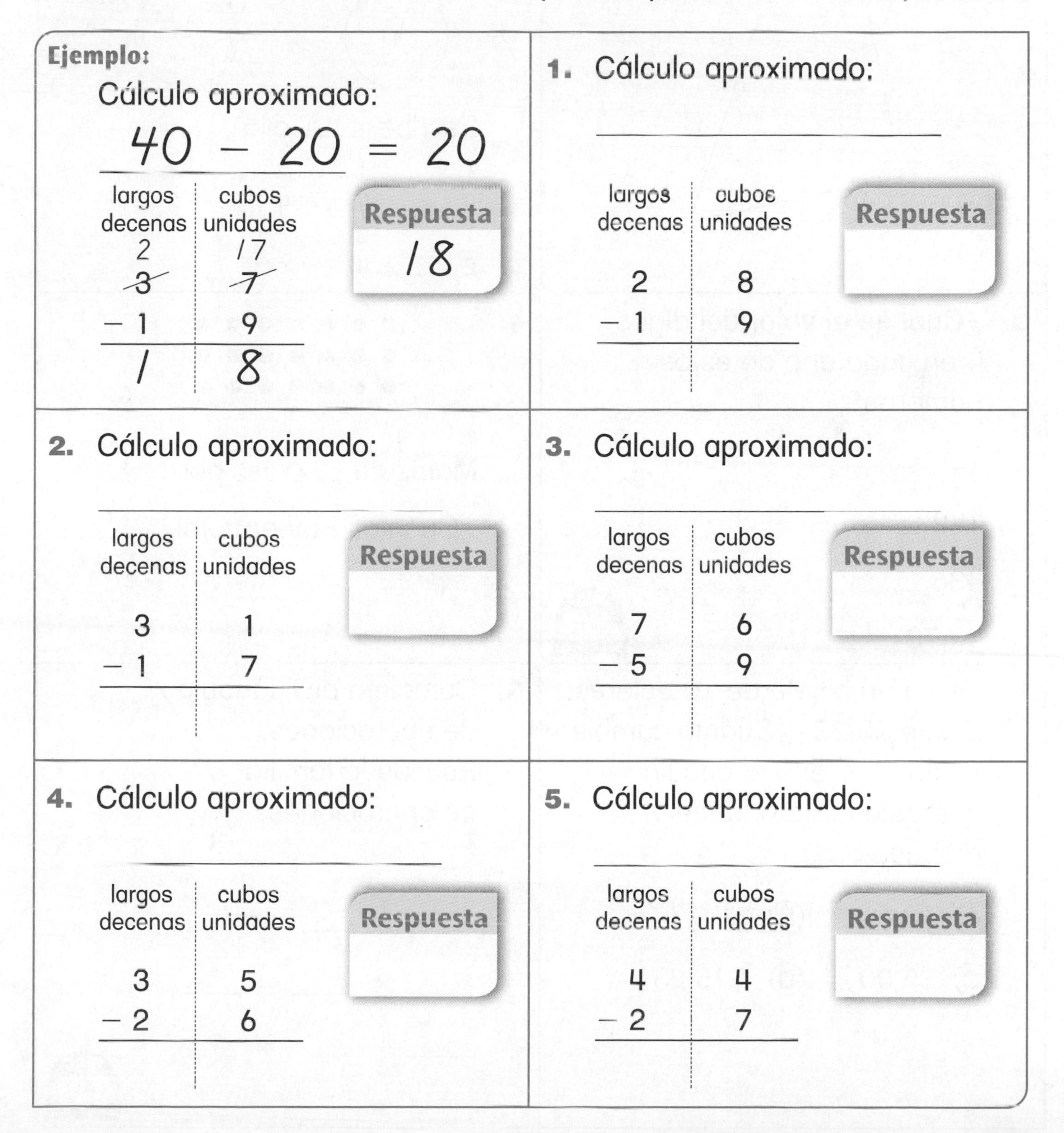

LECCIÓN 11·3

Cajas matemáticas

MATEMÁTICAS

1. El perímetro es de alrededor de _____ cm.

2. Divide en:

mitades cuartos

Escribe <, > ó =.

$\frac{1}{2}$ _____ $\frac{1}{4}$ $\frac{2}{4}$ _____ $\frac{1}{2}$

$\frac{1}{2}$ _____ $\frac{3}{4}$

3. ¿Cuál es el valor del dígito 4 en cada uno de estos números?

14 _______

142 _______

436 _______

4,678 _______

MLC 10 11

4.

Matriz de _______ por _______.

¿Cuántos hay en total? _______

5. Tenía un billete de 10 dólares. Gasté \$5.23. ¿Cuánto cambio recibí? Rellena el círculo que está junto a la mejor respuesta.

Ⓐ \$3.80 Ⓑ \$4.77

Ⓒ \$5.00 Ⓓ \$15.23

6. Completa el Triángulo de operaciones. Escribe la familia de operaciones.

×, ÷

3 6

_____ × _____ = _____

_____ × _____ = _____

_____ ÷ _____ = _____

_____ ÷ _____ = _____

MLC 38

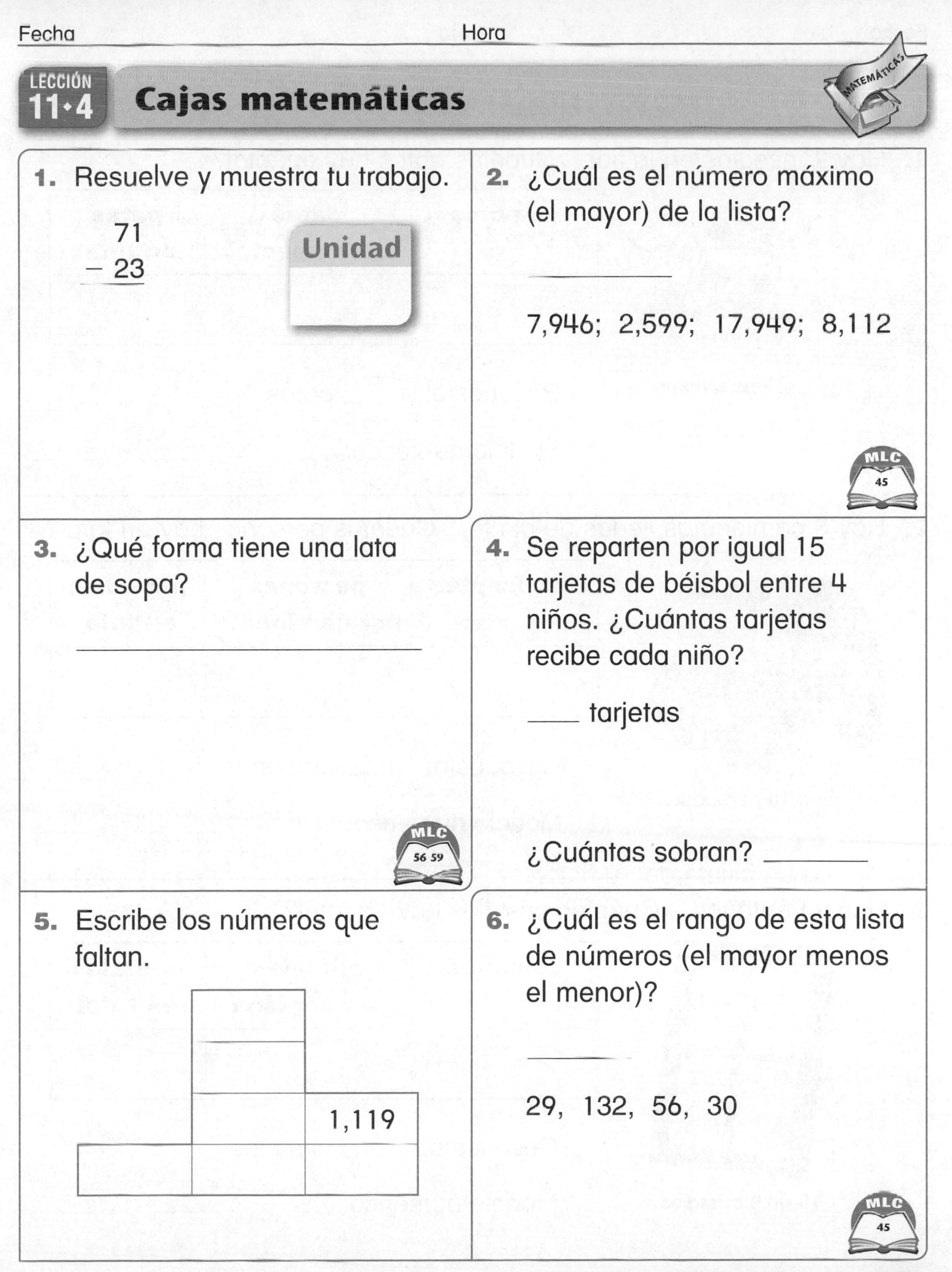

Fecha Hora

LECCIÓN 11•4

Cajas matemáticas

1. Resuelve y muestra tu trabajo.

$$\begin{array}{r} 71 \\ -\ 23 \\ \hline \end{array}$$

Unidad

2. ¿Cuál es el número máximo (el mayor) de la lista?

______

7,946; 2,599; 17,949; 8,112

MLC 45

3. ¿Qué forma tiene una lata de sopa?

______

MLC 56 59

4. Se reparten por igual 15 tarjetas de béisbol entre 4 niños. ¿Cuántas tarjetas recibe cada niño?

____ tarjetas

¿Cuántas sobran? ______

5. Escribe los números que faltan.

		1,119

6. ¿Cuál es el rango de esta lista de números (el mayor menos el menor)?

______

29, 132, 56, 30

MLC 45

LECCIÓN 11•4

Historias de multiplicación

1. Hay 4 insectos en la flor. ¿Cuántas patas hay en total?

Tiene 6 patas.

insectos	patas por insecto	patas en total

Respuesta: _____ patas

Modelo numérico: _____ × _____ = _____

2. Hay 3 camionetas llenas de gente. ¿Cuántas personas hay en total?

Caben 10 personas.

camionetas	personas por camioneta	personas en total

Respuesta: _____ personas

Modelo numérico: _____ × _____ = _____

3. Hay 9 ventanas. ¿Cuántos cristales hay en total?

Tiene 4 cristales.

ventanas	cristales por ventana	cristales en total

Respuesta: _____ cristales

Modelo numérico: _____ × _____ = _____

LECCIÓN 11•4

Historias de multiplicación, *cont.*

Inténtalo

Usa los dibujos para crear dos historias de multiplicación.

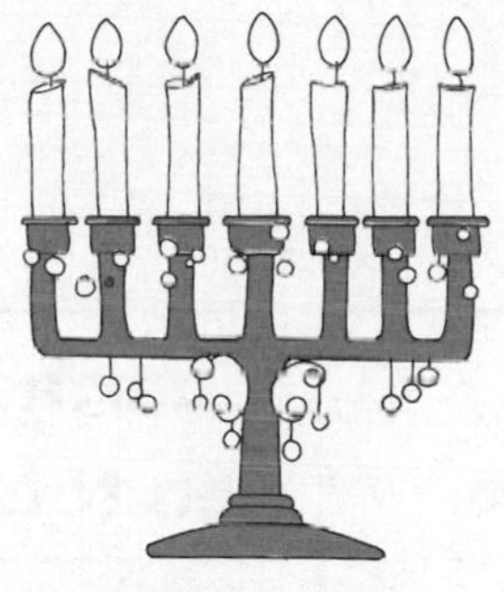

Tiene 7 velas.

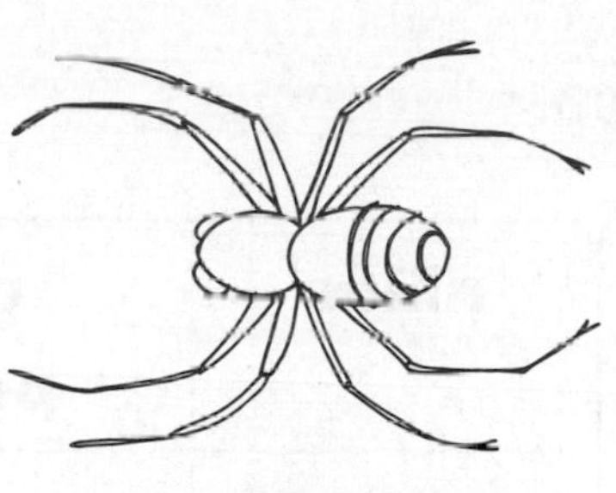

Tiene 8 patas.

Tiene 5 jugadores.

Para cada historia:

- Completa lo que falta en el diagrama de multiplicación.
- Haz un dibujo o matriz y halla la respuesta.
- Completa el modelo numérico.

4. ____________________

____

____

_______	_______ por _______	_______ en total

Respuesta: _____

Modelo numérico: _____ × _____ = _____

5. ____________________

____

____

_______	_______ por _______	_______ en total

Respuesta: _____

Modelo numérico: _____ × _____ = _____

LECCIÓN 11•5

Historias de división

Para cada historia:

- Completa el diagrama.
- En otra hoja de papel, haz un dibujo o matriz y halla la respuesta. Completa las oraciones.
- Completa el modelo numérico.

1. Cinco niños están jugando con una baraja de 30 cartas. ¿Cuántas cartas se pueden repartir a cada jugador?

niños	cartas por niño	cartas en total

_____ cartas a cada jugador. Sobran _____ cartas.

Modelo numérico: _____ ÷ _____ → _____ R_____

2. La tienda de mascotas tiene 12 perritos en jaulas. Hay 4 perritos en cada jaula. ¿Cuántas jaulas tienen perritos?

jaulas	perritos por jaula	perritos en total

_____ jaulas tienen perritos. Sobran _____ perritos.

Modelo numérico: _____ ÷ _____ → _____ R_____

3. Las pelotas de tenis se venden en latas de 3. Luis compra 15 pelotas. ¿Cuántas latas compra?

latas	pelotas por lata	pelotas en total

Luis compra _____ latas.

Modelo numérico: _____ ÷ _____ → _____ R_____

LECCIÓN 11•5

Historias de división, *cont.*

4. Ocho niños se reparten 18 juguetes por igual. ¿Cuántos juguetes recibe cada niño?

______	______ por ______	______ en total

Cada niño recibe ____ juguetes. Sobran ____ juguetes.

Modelo numérico: ____ ÷ ____ → ____ R____

5. Siete amigos se reparten 24 canicas por igual. ¿Cuántas canicas recibe cada amigo?

______	______ por ______	______ en total

Cada amigo recibe ____ canicas. Sobran ____ canicas.

Modelo numérico: ____ ÷ ____ → ____ R____

Inténtalo

6. Tina está guardando 20 paquetes de semillas en cajas. En cada caja caben 6 paquetes. ¿Cuántas cajas necesita Tina para guardar todos los paquetes? (Ten cuidado. ¡Piensa!)

______	______ por ______	______ en total

Tina necesita ____ cajas.

Modelo numérico: ____ ÷ ____ → ____ R____

LECCIÓN 11·5

Cajas matemáticas

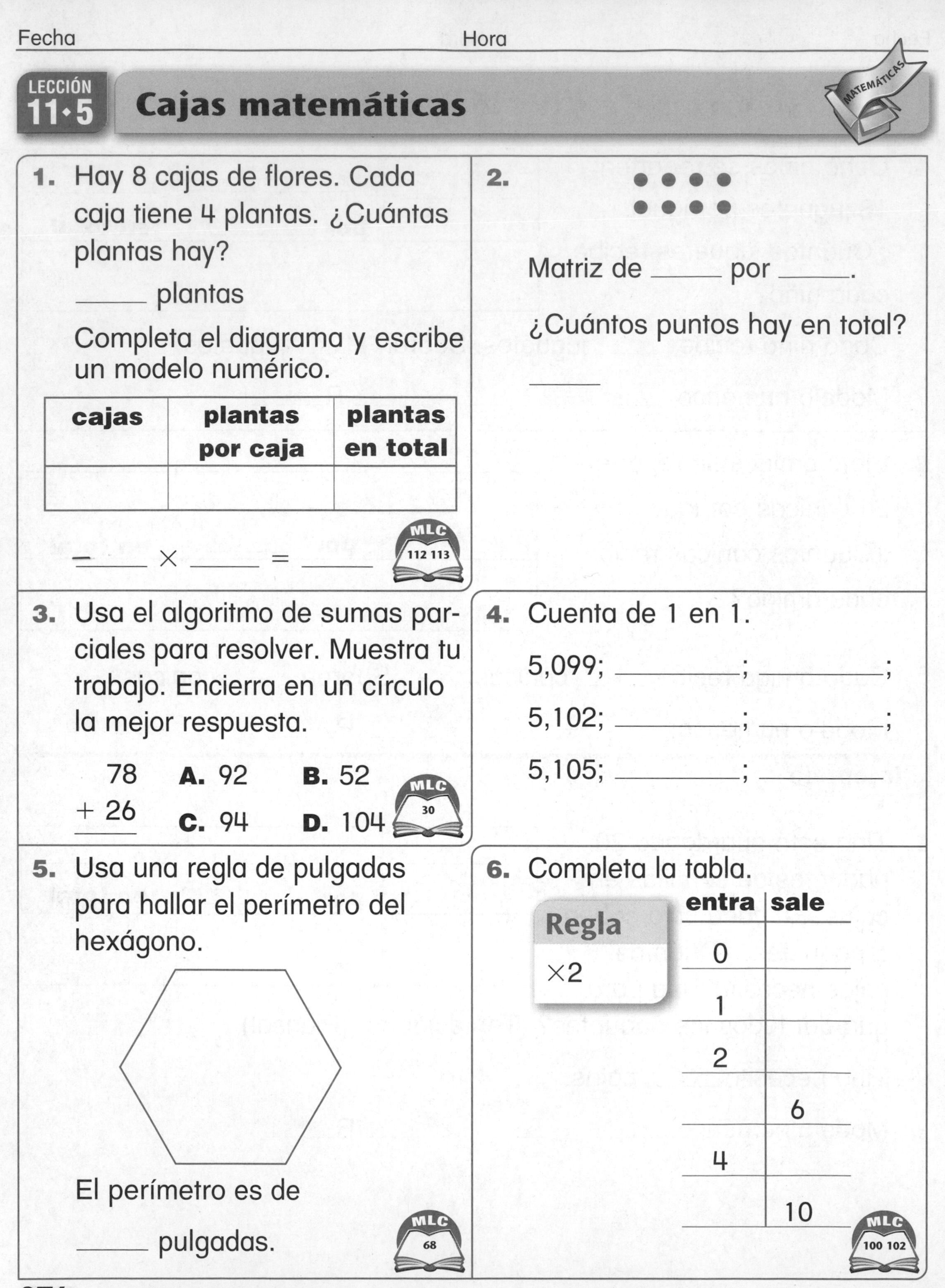

1. Hay 8 cajas de flores. Cada caja tiene 4 plantas. ¿Cuántas plantas hay?

_____ plantas

Completa el diagrama y escribe un modelo numérico.

cajas	plantas por caja	plantas en total

_____ × _____ = _____

MLC 112 113

2. ● ● ● ●
● ● ● ●

Matriz de _____ por _____.

¿Cuántos puntos hay en total?

_____

3. Usa el algoritmo de sumas parciales para resolver. Muestra tu trabajo. Encierra en un círculo la mejor respuesta.

$$\begin{array}{r} 78 \\ +\ 26 \\ \hline \end{array}$$

A. 92 **B.** 52
C. 94 **D.** 104

MLC 30

4. Cuenta de 1 en 1.

5,099; _____; _____;

5,102; _____; _____;

5,105; _____; _____

5. Usa una regla de pulgadas para hallar el perímetro del hexágono.

El perímetro es de

_____ pulgadas.

MLC 68

6. Completa la tabla.

Regla
×2

entra	sale
0	
1	
2	
	6
4	
	10

MLC 100 102

Fecha Hora

LECCIÓN 11•6

Lista de operaciones básicas de multiplicación

Estoy escribiendo la tabla de operaciones básicas del _____.
Si no estás seguro de la operación básica, dibuja una matriz con las letras O ó X.

2 × _____ = _____

3 × _____ = _____

4 × _____ = _____

5 × _____ = _____

6 × _____ = _____

7 × _____ = _____

8 × _____ = _____

9 × _____ = _____

10 × _____ = _____

Fecha Hora

LECCIÓN 11•6

Usar matrices para hallar productos

Dibuja una matriz para ayudarte a hallar el producto de cada multiplicación. Usa X para dibujar tus matrices.

1. $2 \times 4 =$ ____ X X X X X X X X	**2.** $4 \times 2 =$ ____
3. $6 \times 5 =$ ____	**4.** $5 \times 6 =$ ____
5. $5 \times 5 =$ ____	**6.** $2 \times 10 =$ ____

Inténtalo

7. $4 \times 15 =$ ____

LECCIÓN 11·6

Cajas matemáticas

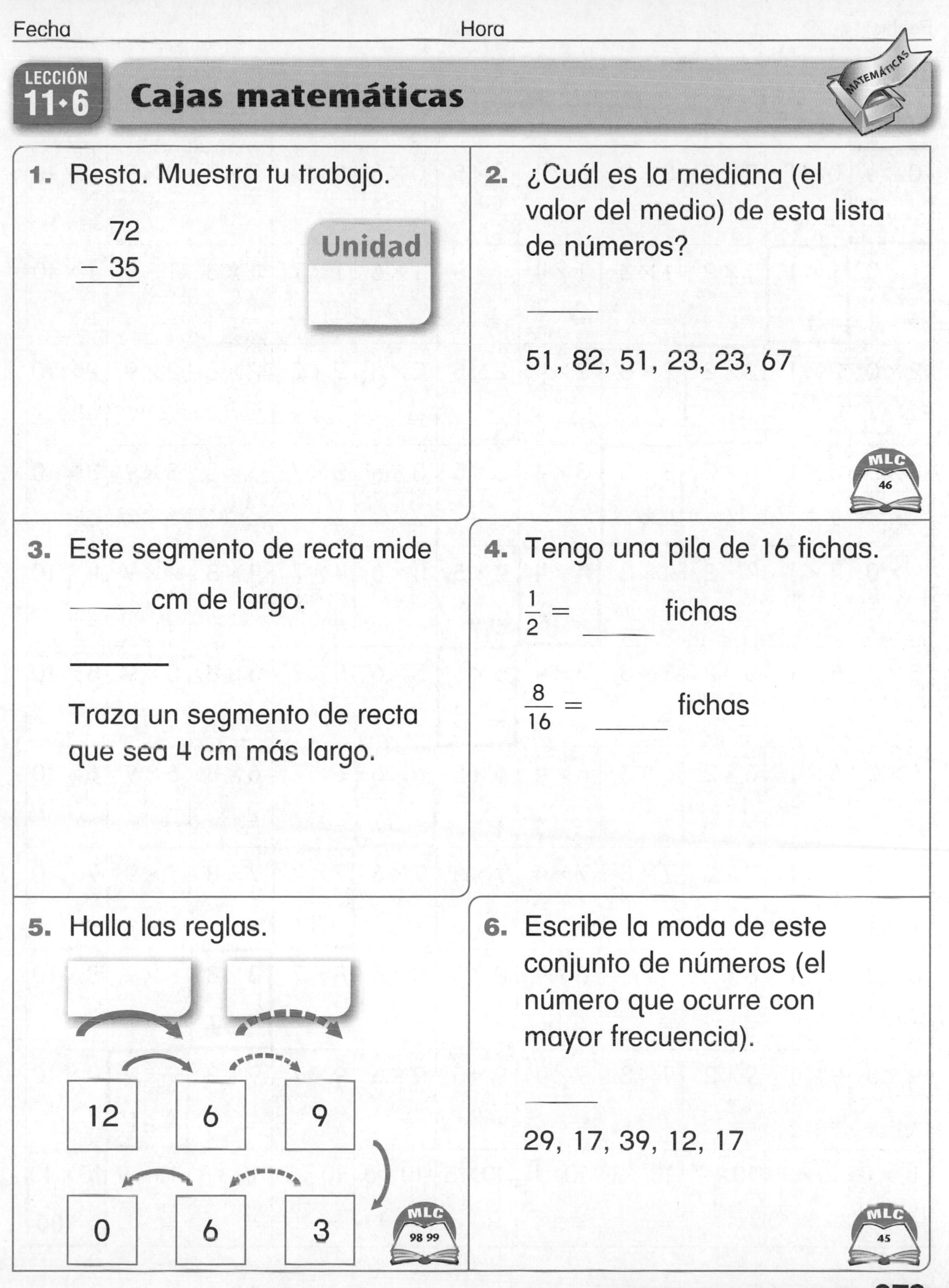

1. Resta. Muestra tu trabajo.

$$\begin{array}{r} 72 \\ -\ 35 \\ \hline \end{array}$$

2. ¿Cuál es la mediana (el valor del medio) de esta lista de números?

_____

51, 82, 51, 23, 23, 67

3. Este segmento de recta mide _____ cm de largo.

Traza un segmento de recta que sea 4 cm más largo.

4. Tengo una pila de 16 fichas.

$\frac{1}{2} =$ _____ fichas

$\frac{8}{16} =$ _____ fichas

5. Halla las reglas.

12	6	9
0	6	3

6. Escribe la moda de este conjunto de números (el número que ocurre con mayor frecuencia).

_____

29, 17, 39, 12, 17

LECCIÓN 11•7

Tabla de productos

0×0 = **0**	0×1 =	0×2 =	0×3 =	0×4 =	0×5 =	0×6 =	0×7 =	0×8 =	0×9 =	0×10 =
1×0 =	1×1 = **1**	1×2 =	1×3 =	1×4 =	1×5 =	1×6 =	1×7 =	1×8 =	1×9 =	1×10 =
2×0 =	2×1 =	2×2 = **4**	2×3 =	2×4 =	2×5 =	2×6 =	2×7 =	2×8 =	2×9 =	2×10 =
3×0 =	3×1 =	3×2 =	3×3 = **9**	3×4 =	3×5 =	3×6 =	3×7 =	3×8 =	3×9 =	3×10 =
4×0 =	4×1 =	4×2 =	4×3 =	4×4 = **16**	4×5 =	4×6 =	4×7 =	4×8 =	4×9 =	4×10 =
5×0 =	5×1 =	5×2 =	5×3 =	5×4 =	5×5 = **25**	5×6 =	5×7 =	5×8 =	5×9 =	5×10 =
6×0 =	6×1 =	6×2 =	6×3 =	6×4 =	6×5 =	6×6 = **36**	6×7 =	6×8 =	6×9 =	6×10 =
7×0 =	7×1 =	7×2 =	7×3 =	7×4 =	7×5 =	7×6 =	7×7 = **49**	7×8 =	7×9 =	7×10 =
8×0 =	8×1 =	8×2 =	8×3 =	8×4 =	8×5 =	8×6 =	8×7 =	8×8 = **64**	8×9 =	8×10 =
9×0 =	9×1 =	9×2 =	9×3 =	9×4 =	9×5 =	9×6 =	9×7 =	9×8 =	9×9 = **81**	9×10 =
10×0 =	10×1 =	10×2 =	10×3 =	10×4 =	10×5 =	10×6 =	10×7 =	10×8 =	10×9 =	10×10 = **100**

Fecha Hora

LECCIÓN 11•7

Cajas matemáticas

1. Hay 5 nidos. Cada uno tiene 3 huevos. ¿Cuántos huevos hay en total?

_____ huevos

nidos	huevos por nido	huevos en total

_____ × _____ = _____

MLC 112 113

2. María tiene 9 pares de zapatos en su armario. ¿Cuántos zapatos tiene en total?

Dibuja una matriz.

_____ × _____ = _____

_____ zapatos

3. Resuelve.

Unidad
crías de caimán

_____ = 24 + 41

33 + 12 = _____

_____ = 52 + 15

16 + 51 = _____

4. Cuenta de mil en mil. Rellena el círculo que está junto a la mejor respuesta.

2,324; _________; 4,324

Ⓐ 3,224 Ⓑ 2,424

Ⓒ 3,324 Ⓓ 3,434

5. Dibuja un rectángulo. Haz que 2 de sus lados midan 3 pulgadas de largo y que los otros dos lados midan 2 pulgadas de largo.

6. Completa la tabla.

Regla
×2

entra	sale
20	
	60
40	

MLC 100 102

Fecha Hora

LECCIÓN 11·8

Familias de operaciones de multiplicación y división

Escribe la familia de operaciones para cada Triángulo de operaciones.

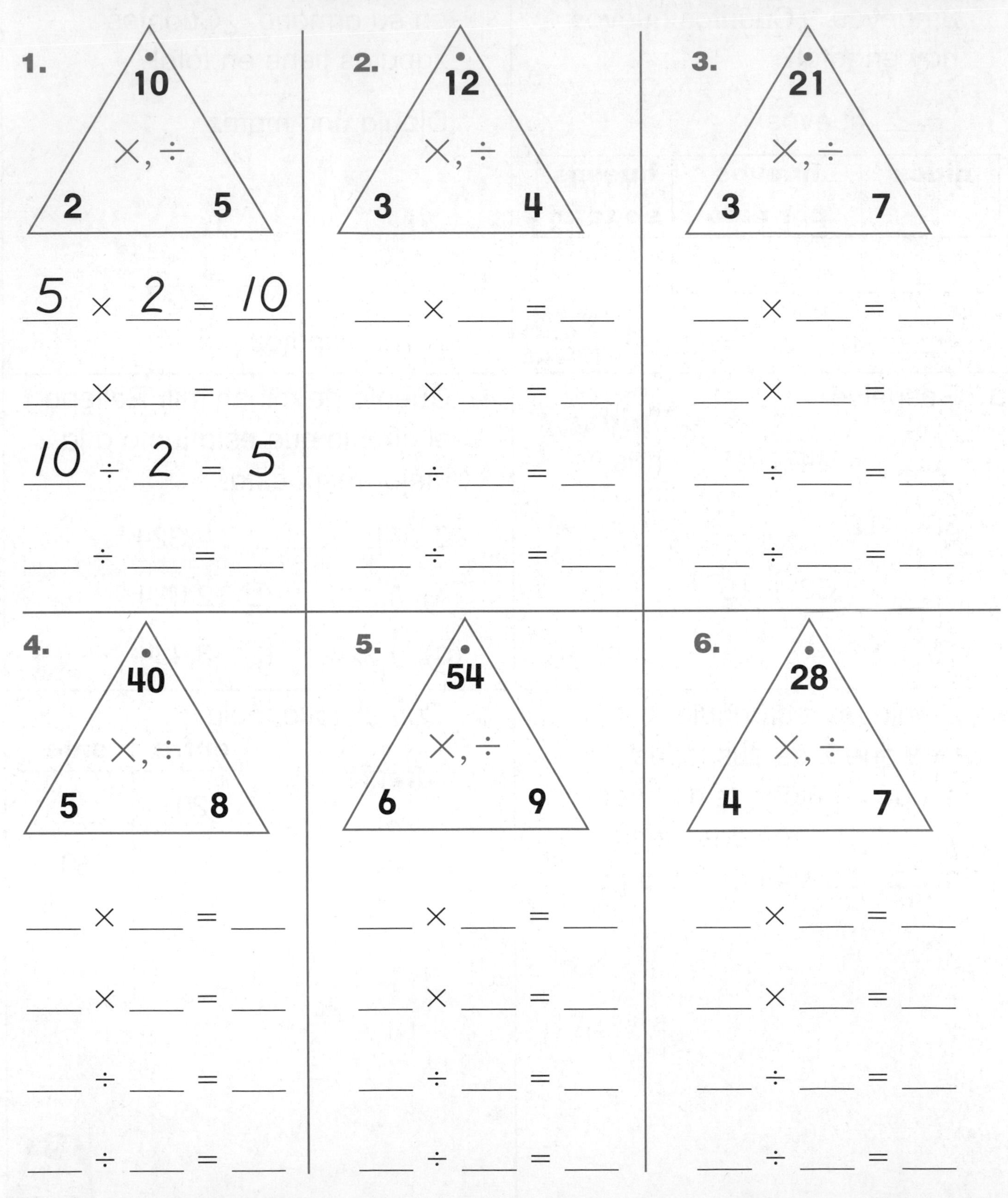

LECCIÓN 11·8

Multiplicación y división con 2, 5 y 10

1. el doble de 8 = _____ _____ = el doble de 9

   $2 \times 4 =$ _____ _____ $= 2 \times 1$

   $7 \times 2 =$ _____ _____ $= 0 \times 2$

2. 40 centavos = _____ *nickels* $5 \div 1 =$ _____

   $15 \div 5 =$ _____ _____ *nickels* = 25 centavos

3. 40 centavos = _____ *dimes* _____ $\div 10 = 6$

   $20 \div 10 =$ _____ _____ *dimes* = 90 centavos

4. Para cada operación de multiplicación, escribe dos operaciones de división de la misma familia de operaciones.

   $2 \times 6 = 12$ 12 ÷ 2 = 6 12 ÷ 6 = 2

   $5 \times 9 = 45$ _____ ÷ _____ = _____ _____ ÷ _____ = _____

   $10 \times 4 = 40$ _____ ÷ _____ = _____ _____ ÷ _____ = _____

   $3 \times 2 = 6$ _____ ÷ _____ = _____ _____ ÷ _____ = _____

   $8 \times 5 = 40$ _____ ÷ _____ = _____ _____ ÷ _____ = _____

   $5 \times 10 = 50$ _____ ÷ _____ = _____ _____ ÷ _____ = _____

Fecha Hora

LECCIÓN 11·8 Cajas matemáticas

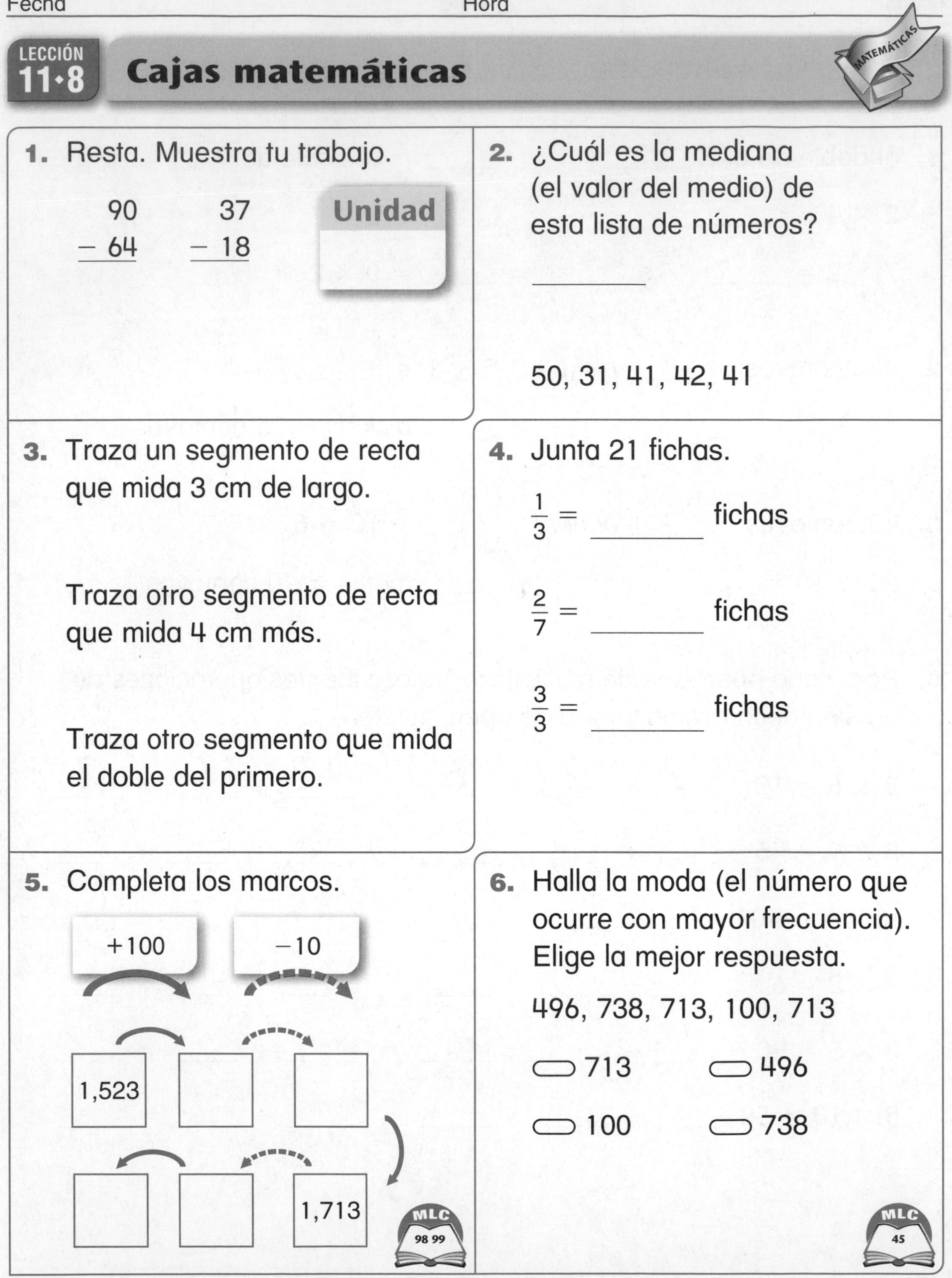

Fecha Hora

LECCIÓN 11•9

Cajas matemáticas

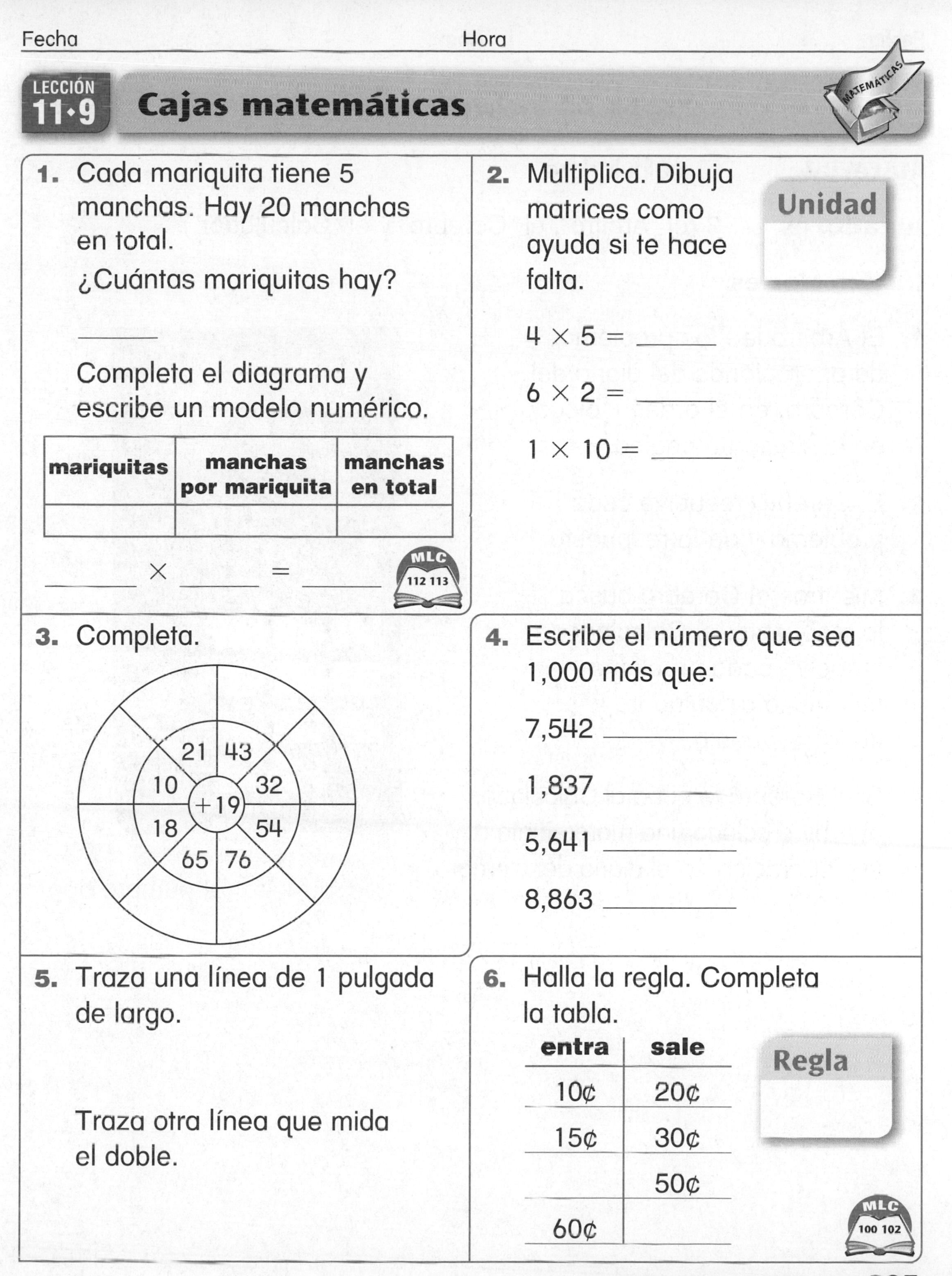

1. Cada mariquita tiene 5 manchas. Hay 20 manchas en total.

¿Cuántas mariquitas hay?

______

Completa el diagrama y escribe un modelo numérico.

mariquitas	manchas por mariquita	manchas en total

______ × ______ = ______

MLC 112 113

2. Multiplica. Dibuja matrices como ayuda si te hace falta.

Unidad

$4 \times 5 =$ ______

$6 \times 2 =$ ______

$1 \times 10 =$ ______

3. Completa.

4. Escribe el número que sea 1,000 más que:

7,542 ______

1,837 ______

5,641 ______

8,863 ______

5. Traza una línea de 1 pulgada de largo.

Traza otra línea que mida el doble.

6. Halla la regla. Completa la tabla.

entra	sale
10¢	20¢
15¢	30¢
	50¢
60¢	

Regla

MLC 100 102

LECCIÓN 11•9

Gánale a la calculadora

Materiales ☐ calculadora

Jugadores 3 (el "Árbitro", el "Cerebro" y el "Calculador")

Instrucciones

1. El Árbitro lee los problemas de operaciones del diario del Cerebro, en el orden indicado en la siguiente página.
2. El Cerebro resuelve cada problema y da la respuesta.
3. Mientras el Cerebro busca la respuesta, el Calculador resuelve cada problema usando la calculadora y da la respuesta.
4. Si el Cerebro le gana al Calculador, el Árbitro coloca una marca junto a esa operación en el diario del Cerebro.

Fecha Hora

LECCIÓN 11•9

Gánale a la calculadora, *cont.*

✓	✓	✓	Problema de operaciones
			2 × 4 = ____
			3 × 5 = ____
			2 × 2 = ____
			4 × 3 = ____
			5 × 5 = ____
			6 × 2 = ____
			6 × 5 = ____
			3 × 3 = ____
			4 × 5 = ____
			3 × 6 = ____

✓	✓	✓	Problema de operaciones
			7 × 3 = ____
			5 × 2 = ____
			6 × 4 = ____
			2 × 7 = ____
			3 × 2 = ____
			4 × 4 = ____
			4 × 1 = ____
			4 × 7 = ____
			7 × 5 = ____
			0 × 2 = ____

LECCIÓN 11•10

Cajas matemáticas

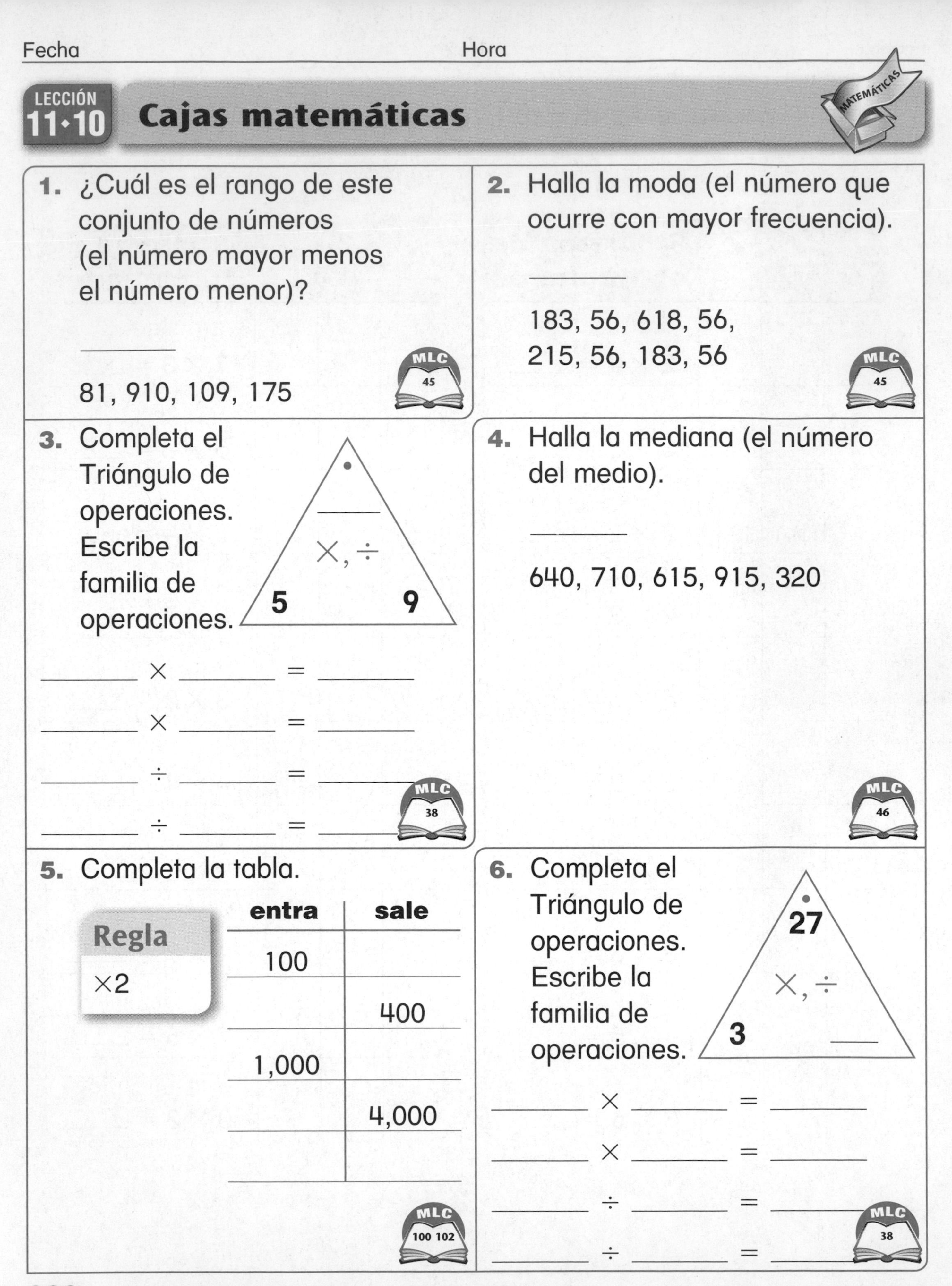

1. ¿Cuál es el rango de este conjunto de números (el número mayor menos el número menor)?

____

81, 910, 109, 175

2. Halla la moda (el número que ocurre con mayor frecuencia).

____

183, 56, 618, 56, 215, 56, 183, 56

3. Completa el Triángulo de operaciones. Escribe la familia de operaciones.

_____ × _____ = _____

_____ × _____ = _____

_____ ÷ _____ = _____

_____ ÷ _____ = _____

4. Halla la mediana (el número del medio).

____

640, 710, 615, 915, 320

5. Completa la tabla.

Regla

×2

entra	sale
100	
	400
1,000	
	4,000

6. Completa el Triángulo de operaciones. Escribe la familia de operaciones.

_____ × _____ = _____

_____ × _____ = _____

_____ ÷ _____ = _____

_____ ÷ _____ = _____

Fecha _______________ Hora _______________

LECCIÓN 12•1

Repaso: Decir la hora

1. ¿Cuántas horas muestran las carátulas de los relojes? _____ horas
2. ¿Cuánto tiempo tarda la manecilla de la hora en moverse de un número a otro? _______________
3. ¿Cuánto tiempo tarda la manecilla de los minutos en moverse de un número a otro? _______________
4. ¿Cuántas veces se mueve la manecilla de la hora alrededor de la carátula del reloj en un día? _____ veces
5. ¿Cuántas veces se mueve la manecilla de los minutos alrededor de la carátula del reloj en un día? _____ veces

Escribe la hora que se muestra en cada reloj.

6. _____ : _____
7. _____ : _____
8. _____ : _____

Dibuja las manecillas de la hora y de los minutos de modo que coincidan con la hora que se indica.

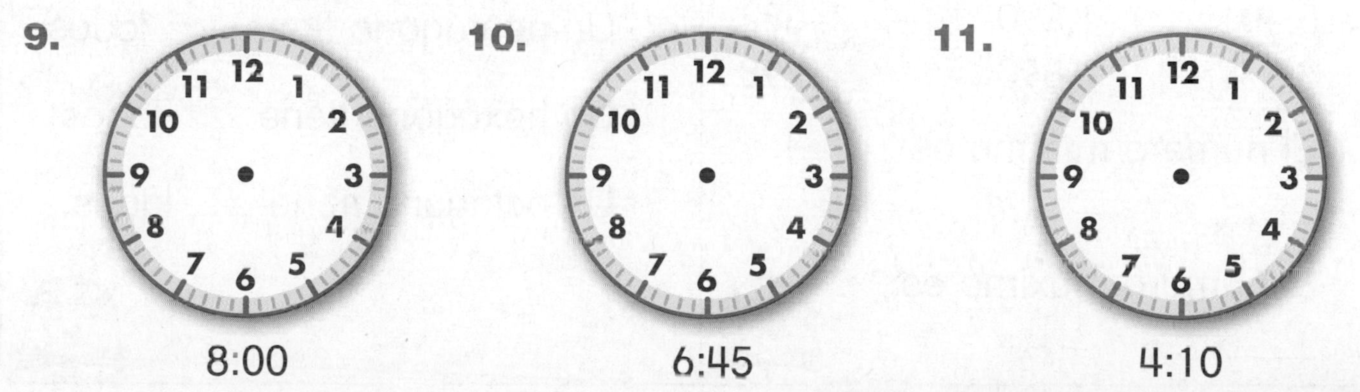

9. 8:00
10. 6:45
11. 4:10

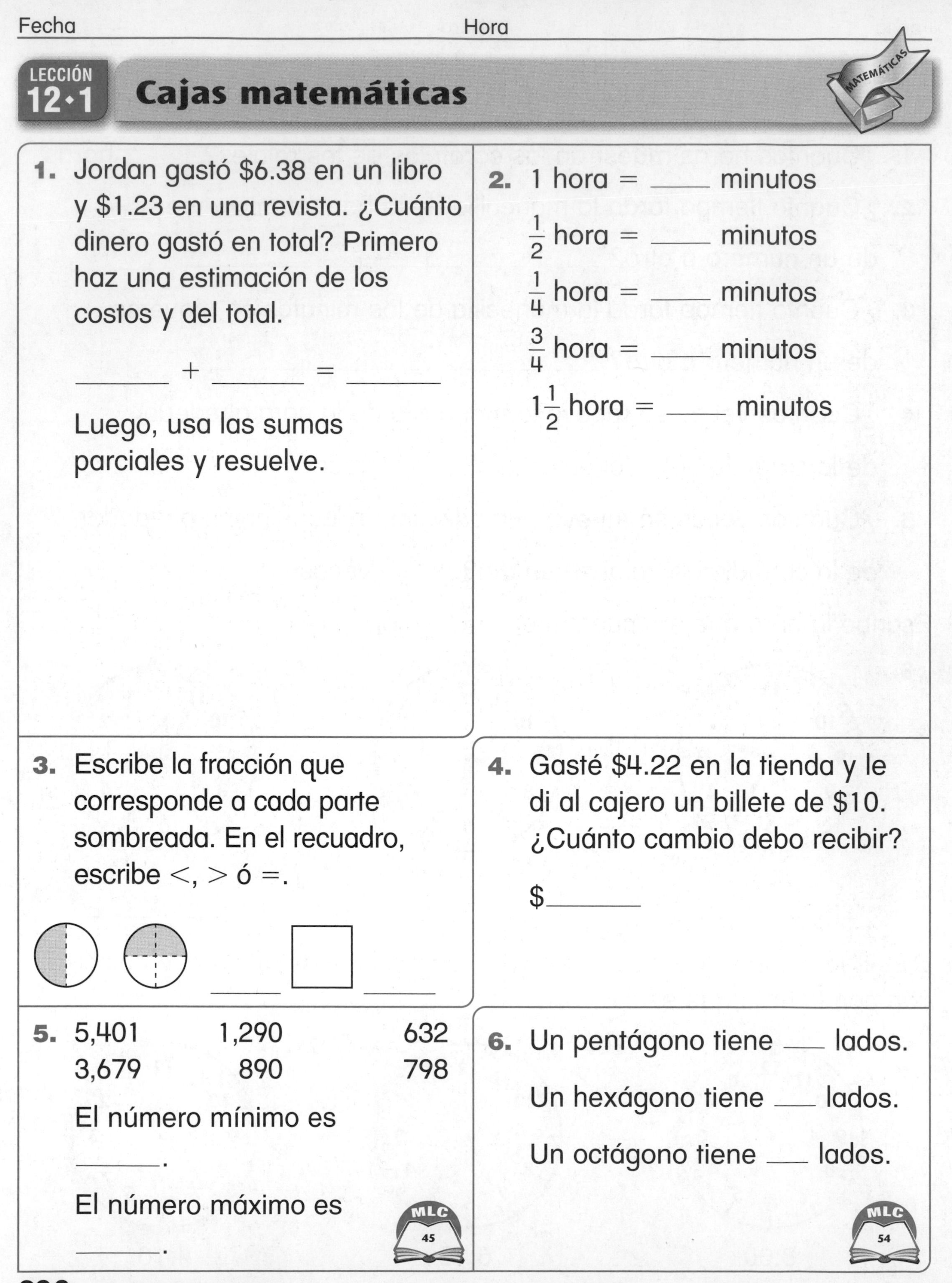

LECCIÓN 12•1

Cajas matemáticas

1. Jordan gastó $6.38 en un libro y $1.23 en una revista. ¿Cuánto dinero gastó en total? Primero haz una estimación de los costos y del total.

_____ + _____ = _____

Luego, usa las sumas parciales y resuelve.

2. 1 hora = ____ minutos

$\frac{1}{2}$ hora = ____ minutos

$\frac{1}{4}$ hora = ____ minutos

$\frac{3}{4}$ hora = ____ minutos

$1\frac{1}{2}$ hora = ____ minutos

3. Escribe la fracción que corresponde a cada parte sombreada. En el recuadro, escribe $<$, $>$ ó $=$.

_____ ☐ _____

4. Gasté $4.22 en la tienda y le di al cajero un billete de $10. ¿Cuánto cambio debo recibir?

$_____

5. 5,401 1,290 632
3,679 890 798

El número mínimo es _____.

El número máximo es _____.

6. Un pentágono tiene ___ lados.

Un hexágono tiene ___ lados.

Un octágono tiene ___ lados.

LECCIÓN 12•2

La hora antes y después

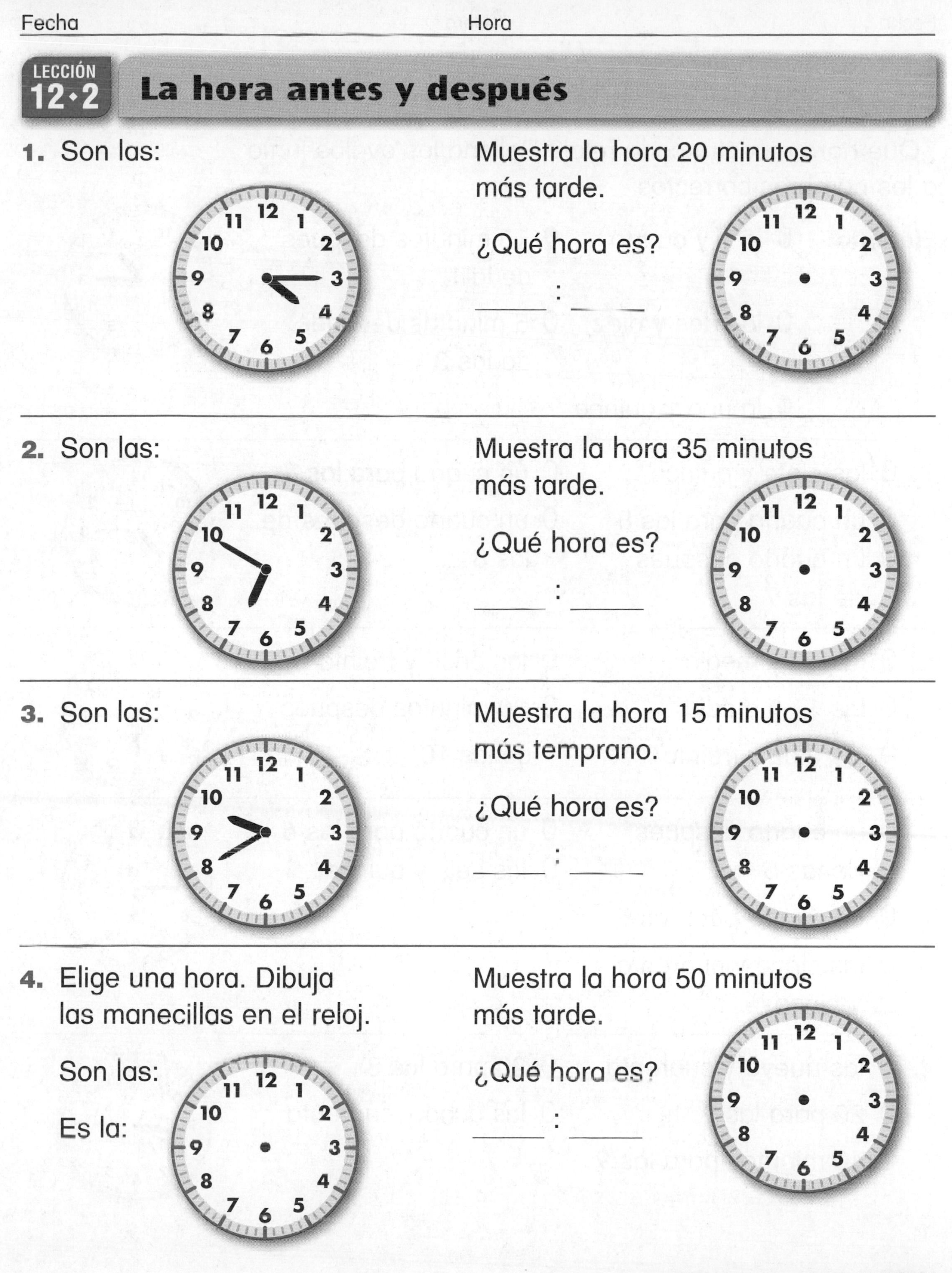

1. Son las:

Muestra la hora 20 minutos más tarde.

¿Qué hora es?

____ : ____

2. Son las:

Muestra la hora 35 minutos más tarde.

¿Qué hora es?

____ : ____

3. Son las:

Muestra la hora 15 minutos más temprano.

¿Qué hora es?

____ : ____

4. Elige una hora. Dibuja las manecillas en el reloj.

Son las:

Es la:

Muestra la hora 50 minutos más tarde.

¿Qué hora es?

____ : ____

LECCIÓN 12•2

Muchos nombres para la hora

¿Qué hora muestra cada reloj? Rellena los óvalos junto a los nombres correctos.

Ejemplo:
- ● la 1 y cuarto
- ● 15 minutos después de la 1
- O las dos y diez
- O 5 minutos después de las 3
- ● la una y quince

1.
- O las siete y quince
- O un cuarto para las 8
- O un cuarto después de las 7
- O un cuarto para las 7
- O un cuarto después de las 8

2.
- O las 10 y media
- O las 11 y media
- O las diez y treinta
- O las once y treinta
- O 30 minutos después de las 10

3.
- O un cuarto después de las 5
- O un cuarto para las 5
- O las cinco y cuarenta y cinco
- O un cuarto para las 6
- O las seis y quince

4.
- O las nueve y cuarenta
- O 20 para las 9
- O 40 minutos para las 9
- O 20 para las 8
- O las ocho y cuarenta

Fecha Hora

LECCIÓN 12•2

Estrategias de suma y resta

Suma o resta. Usa tu estrategia favorita para sumar o restar.

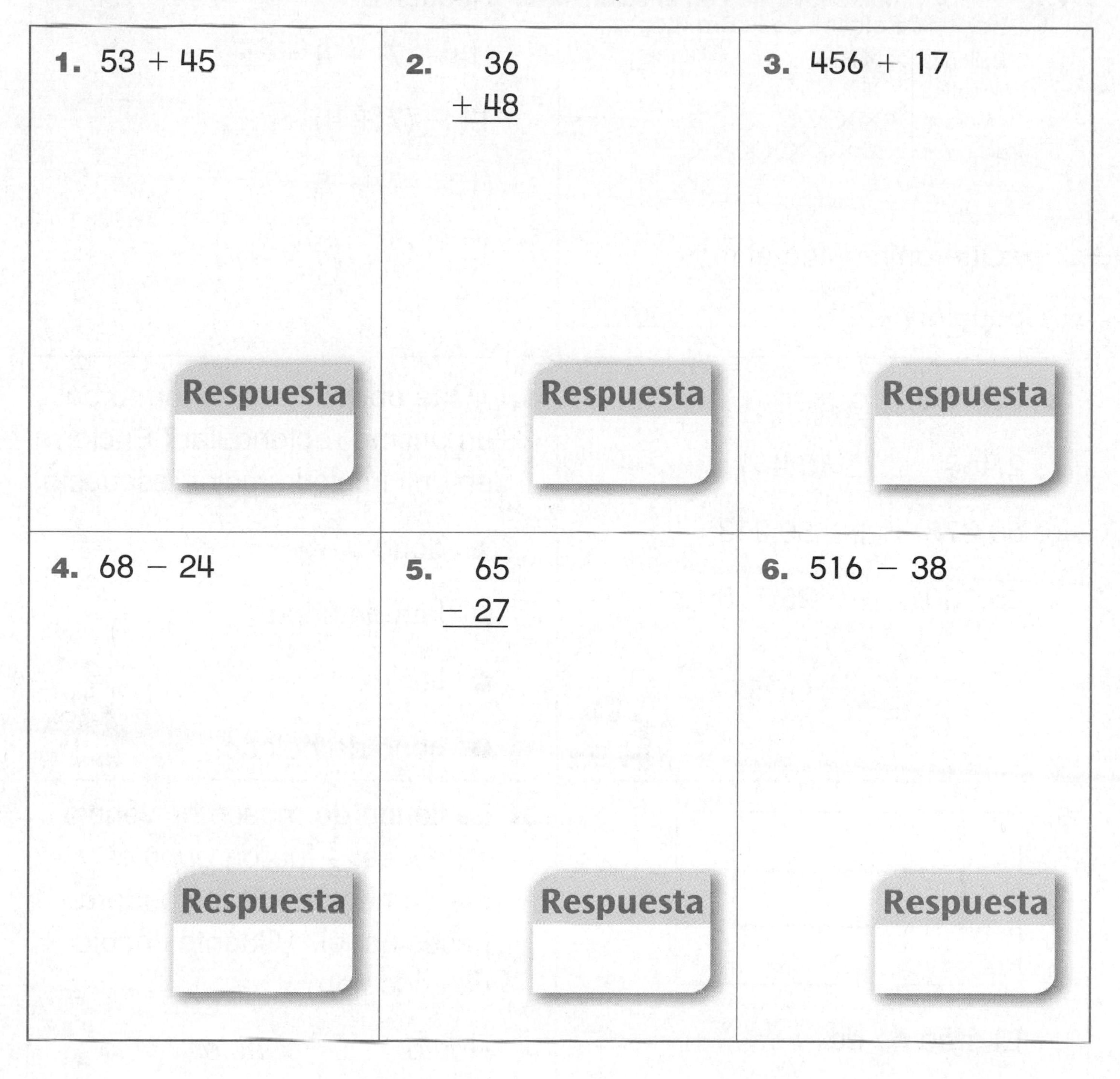

1. 53 + 45 **Respuesta**	**2.** 36 + 48 **Respuesta**	**3.** 456 + 17 **Respuesta**
4. 68 − 24 **Respuesta**	**5.** 65 − 27 **Respuesta**	**6.** 516 − 38 **Respuesta**

LECCIÓN 12•2

Cajas matemáticas

MATEMÁTICAS

1. **Animales favoritos en el salón de clases de la Sra. López**

Ballenas	XXX
Manatíes	XXXXXX
Morsas	XXXXX
Cachorros de león	XXXXXXXXX

¿Qué animal fue el más popular? ____________________

2. Resuelve.

Unidad

$(14 - 7) + 4 =$ ____

$14 - (7 + 4) =$ ____

$(12 - 7) + 5 =$ ____

$12 - (7 + 5) =$ ____

3. Escribe < ó >.

2,469 _____ 12,469

60,278 _____ 50,278

25,100 _____ 25,110

MLC 9

4. ¿Qué objeto tiene la forma de un prisma rectangular? Encierra en un círculo la mejor respuesta.

A dona

B lata de sopa

C libro

D cono de helado

MLC 56

5.

El área es de

_____ cm cuadrados.

El perímetro es de

_____ cm.

MLC 68 69

6. La tienda de mascotas vendió 12 peces. $\frac{1}{2}$ fueron *guppies* y $\frac{1}{4}$ fueron neones. El resto fueron peces ángel. ¿Cuántos había de cada tipo?

Había _____ *guppies.*

Había _____ neones.

Había _____ peces ángel.

LECCIÓN 12·3

Sucesos importantes en las comunicaciones

Para cada uno de los sucesos siguientes, marca un punto en la línea cronológica y escribe la letra del suceso arriba del punto.

A teléfono (1876)

B radio (1906)

C televisión (1926)

D telégrafo (1837)

E lector de discos compactos (1982)

F fotocopiadora (1937)

G casete de audio (1963)

H fonógrafo (1877)

I computadora personal (1974)

J proyector de cine (1894)

K películas en tres dimensiones (1922)

L casete de video (1969)

M máquina de escribir (1867)

N radio FM (1933)

A

1830 1840 1850 1860 1870 1880 1890 1900 1910 1920 1930 1940 1950 1960 1970 1980 1990 2000 2010

LECCIÓN 12•3

Cajas matemáticas

1. Una pelota de béisbol cuesta $3.69. Un yoyo cuesta $1.49. Compras los dos artículos.

Haz una estimación del costo:

_______ + _______ = _______

Costo real:

$_______

2. Naquon creció 2 pulg en _____. Encierra en un círculo la mejor respuesta.

A 1 día

B 5 minutos

C 1 año

D 24 horas

3. Escribe cuatro nombres para $\frac{1}{2}$. Usa tus Tarjetas de fracciones como ayuda.

_____, _____, _____, _____

Escribe 2 fracciones que sean:

mayores que $\frac{1}{2}$. _____, _____

menores que $\frac{1}{2}$. _____, _____

4. Compré una pelota de playa a $1.49 y un juguete de playa a $3.96. ¿Cuánto cambio recibiré si pago con un billete de $10?

$_______

5. $24.06 $9.99 $14.98 $19.99 $29.83

El máximo es

$_______.

El mínimo es

$_______.

MLC 45

6. Dibuja dos polígonos de 4 lados.

MLC 52

Fecha ______ Hora ______

LECCIÓN 12•4

Práctica de resta

Completa la caja de las unidades. Luego, para cada problema:

Unidad

- Haz un cálculo aproximado antes de restar.
- Escribe un modelo numérico para tu estimación. Luego, resuelve el problema. Para los Problemas 1 y 2, usa el algoritmo de restar cambiando primero. Para los Problemas 3 al 6, usa la estrategia que prefieras.
- Compara tu estimación con tu respuesta.

1. Cálculo aproximado: ______ 25 − 18 = ______	**2.** Cálculo aproximado: ______ 31 − 22 = ______	**3.** Cálculo aproximado: ______ 53 − 29 = ______
4. Cálculo aproximado: ______ 87 39 = ______	**5.** Cálculo aproximado: ______ 148 − 29 = ______	**6.** Cálculo aproximado: ______ 177 − 48 = ______

LECCIÓN 12•4

Cajas matemáticas

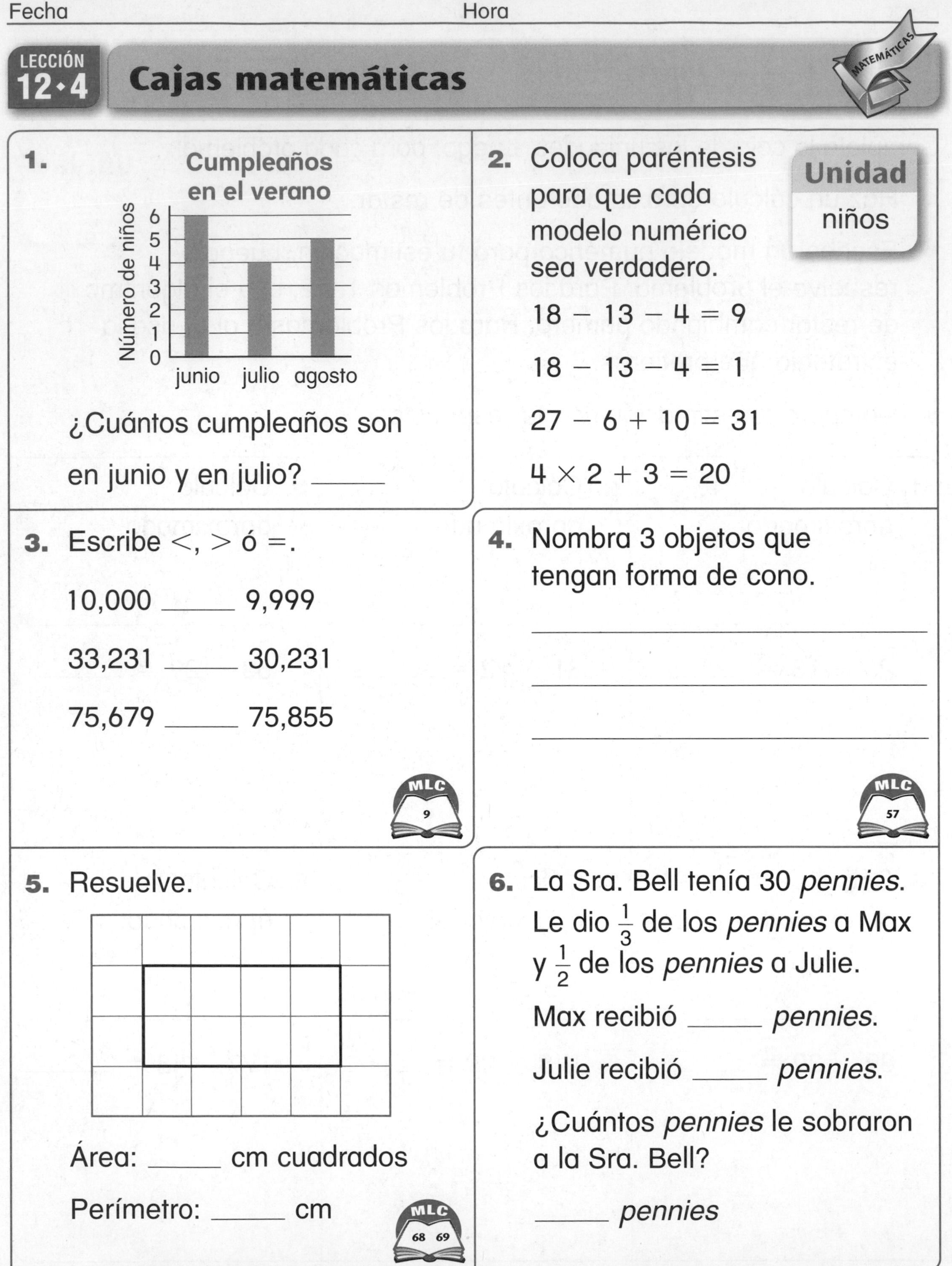

1. Cumpleaños en el verano

¿Cuántos cumpleaños son en junio y en julio? _____

2. Coloca paréntesis para que cada modelo numérico sea verdadero.

Unidad: niños

18 − 13 − 4 = 9

18 − 13 − 4 = 1

27 − 6 + 10 = 31

4 × 2 + 3 = 20

3. Escribe <, > ó =.

10,000 _____ 9,999

33,231 _____ 30,231

75,679 _____ 75,855

MLC 9

4. Nombra 3 objetos que tengan forma de cono.

____

____

____

MLC 57

5. Resuelve.

Área: _____ cm cuadrados

Perímetro: _____ cm

MLC 68 69

6. La Sra. Bell tenía 30 *pennies*. Le dio $\frac{1}{3}$ de los *pennies* a Max y $\frac{1}{2}$ de los *pennies* a Julie.

Max recibió _____ *pennies.*

Julie recibió _____ *pennies.*

¿Cuántos *pennies* le sobraron a la Sra. Bell?

_____ *pennies*

LECCIÓN 12•5

Operaciones de multiplicación y división relacionadas

Resuelve cada operación de multiplicación. Usa los Triángulos de operaciones como ayuda.

Luego, usa los tres números para escribir dos operaciones de división.

1. $3 \times 7 =$ 21

21 ÷ 7 = 3

21 ÷ 3 = 7

2. $3 \times 8 =$ _____

_____ ÷ _____ = _____

_____ ÷ _____ = _____

3. $3 \times 9 =$ _____

_____ ÷ _____ = _____

_____ ÷ _____ = _____

4. $4 \times 7 =$ _____

_____ ÷ _____ = _____

_____ ÷ _____ = _____

5. $4 \times 8 =$ _____

_____ ÷ _____ = _____

_____ ÷ _____ = _____

6. $4 \times 9 =$ _____

_____ ÷ _____ = _____

_____ ÷ _____ = _____

7. $5 \times 7 =$ _____

_____ ÷ _____ = _____

_____ ÷ _____ = _____

8. $5 \times 8 =$ _____

_____ ÷ _____ = _____

_____ ÷ _____ = _____

LECCIÓN 12•5

Instrucciones para el *Juego de tarjetas de suma*

Materiales
- ☐ hoja de puntaje de los *Originales para reproducción*, pág. 446
- ☐ 4 juegos de tarjetas de números del 1 al 10
- ☐ 1 juego de tarjetas de números del 11 al 20
- ☐ pizarra o papel borrador

Jugadores 2

Destreza Sumar 3 números

Objetivo del juego Obtener el total más alto

Instrucciones

Revuelvan las tarjetas y coloquen la baraja boca abajo. Túrnense.

1. Toma las 3 primeras cartas de la baraja.
2. Anota los números en la hoja de puntaje. Coloca las 3 cartas en una pila aparte.
3. Halla la suma. Usa la pizarra o el papel para hacer la operación.

Después de 3 turnos:

4. Comprueba el trabajo de tu compañero. Usa la calculadora.
5. Halla la suma de las 3 respuestas. Anota el total en la hoja de puntaje. El jugador que obtiene el total más alto es el ganador.

LECCIÓN 12•5

Cajas matemáticas

1. Escribe el número que sea

	10 más	**100 menos**
368	______	______
4,789	______	______
40,870	______	______
1,999	______	______

2. ¿Cuántos días hay por semana? ____

¿Cuántos minutos hay por hora? ____

¿Cuántas horas hay por día? ____

¿Cuántas semanas hay por año? ______

MLC 86

3. Sombrea $\frac{1}{2}$ de la figura. Escribe la fracción equivalente.

____

4. Completa la tabla.

entra	sale
1	
6	
10	
	80
	250

Regla

×10

MLC 101

5. Son las ___ : ___.

20 minutos más tarde serán las ___ : ___.

15 minutos más temprano eran las ___ : ___.

6. Resuelve.

Unidad

___ − 23 = 17

60 − ___ = 28

49 = ___ − 21

54 = 80 − ___

LECCIÓN 12•6

Gráfica de barras de animales

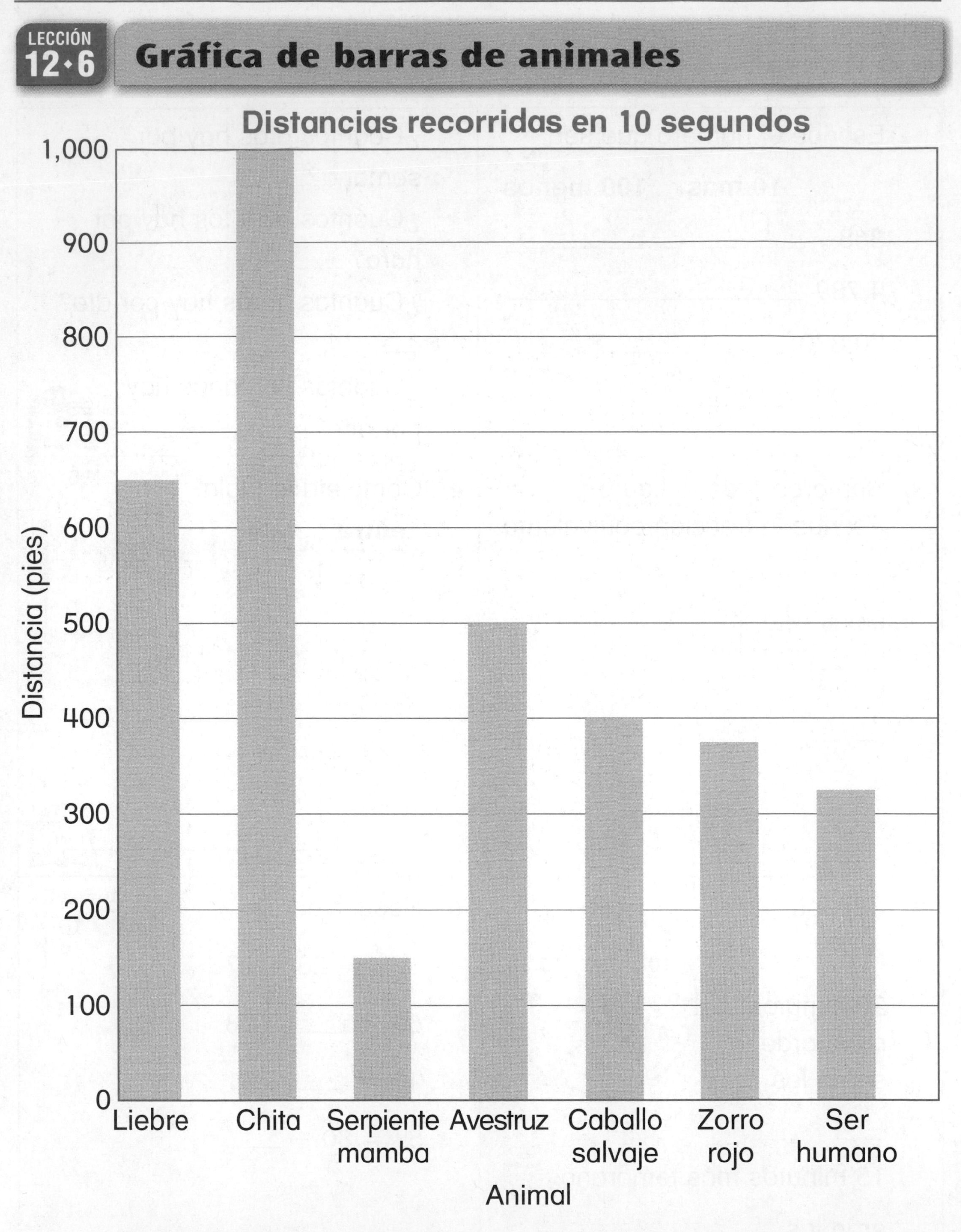

Fecha _______________ Hora _______________

LECCIÓN 12•6

Interpretar una gráfica de barras de animales

1. En la tabla, enumera los animales en orden de la distancia recorrida en 10 segundos. Ordena los animales de la distancia más larga a la más corta que recorren.

Distancias recorridas en 10 segundos

Animal	Distancia
más larga: ________	________ pies
________	________ pies
________	________ pies
________	________ pies
________	________ pies
________	________ pies
más corta: ________	________ pies

2. Halla el valor del medio de las distancias.
El valor del medio también se llama la **mediana.**

La mediana es de ________ pies.

3. La distancia recorrida más

larga es de ________ pies.

La distancia recorrida más

corta es de ________ pies.

4. Completa el diagrama de comparación con la distancia más larga y la distancia más corta recorrida.

Cantidad

Cantidad

____
Diferencia

5. Halla la diferencia entre la distancia más larga y la más corta. La diferencia entre el número más grande y el más pequeño en un conjunto de datos se llama el **rango.**

El rango es de ________ pies.

Fecha Hora

LECCIÓN 12•6

Cajas matemáticas

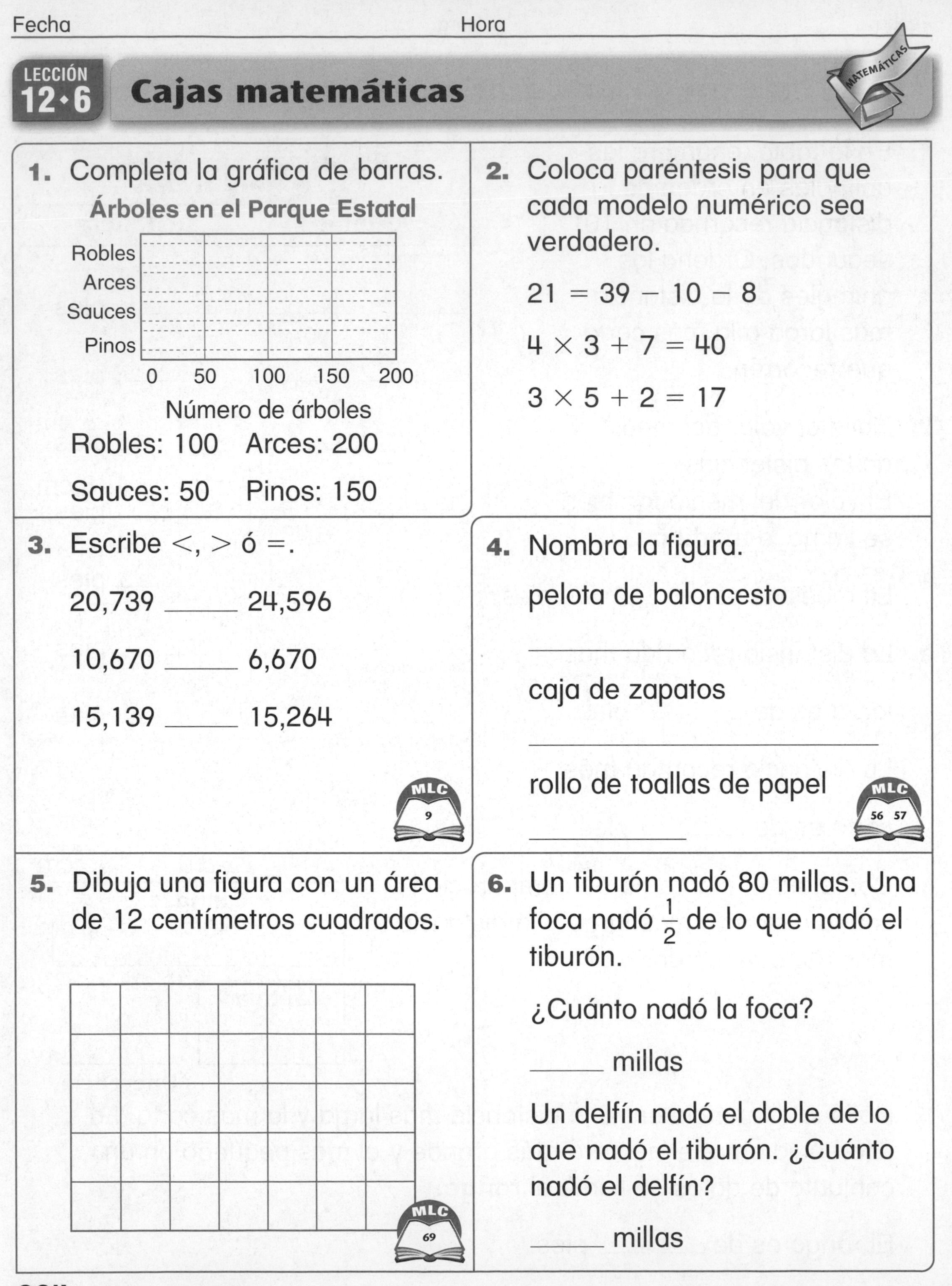

1. Completa la gráfica de barras.

Árboles en el Parque Estatal

Robles: 100 Arces: 200

Sauces: 50 Pinos: 150

2. Coloca paréntesis para que cada modelo numérico sea verdadero.

$21 = 39 - 10 - 8$

$4 \times 3 + 7 = 40$

$3 \times 5 + 2 = 17$

3. Escribe <, > ó =.

20,739 ______ 24,596

10,670 ______ 6,670

15,139 ______ 15,264

MLC 9

4. Nombra la figura.

pelota de baloncesto

____

caja de zapatos

____

rollo de toallas de papel

____

MLC 56 57

5. Dibuja una figura con un área de 12 centímetros cuadrados.

MLC 69

6. Un tiburón nadó 80 millas. Una foca nadó $\frac{1}{2}$ de lo que nadó el tiburón.

¿Cuánto nadó la foca?

______ millas

Un delfín nadó el doble de lo que nadó el tiburón. ¿Cuánto nadó el delfín?

______ millas

Fecha Hora

LECCIÓN 12•7

Cambios de estatura

Los datos de la tabla muestran la estatura de 30 niños de 7 y 8 años de edad. Tu maestro te enseñará a hacer un diagrama de puntos con los datos.

Estudiante	Estatura	
	7 años	8 años
#1	120 cm	123 cm
#2	132 cm	141 cm
#3	112 cm	115 cm
#4	122 cm	126 cm
#5	118 cm	122 cm
#6	136 cm	144 cm
#7	123 cm	127 cm
#8	127 cm	133 cm
#9	115 cm	120 cm
#10	119 cm	125 cm
#11	122 cm	126 cm
#12	103 cm	107 cm
#13	129 cm	136 cm
#14	124 cm	129 cm
#15	109 cm	110 cm

Estudiante	Estatura	
	7 años	8 años
#16	118 cm	122 cm
#17	120 cm	126 cm
#18	141 cm	148 cm
#19	122 cm	127 cm
#20	120 cm	126 cm
#21	120 cm	124 cm
#22	136 cm	142 cm
#23	115 cm	118 cm
#24	122 cm	130 cm
#25	124 cm	129 cm
#26	123 cm	127 cm
#27	131 cm	138 cm
#28	126 cm	132 cm
#29	121 cm	123 cm
#30	118 cm	123 cm

LECCIÓN 12•7

Cambios de estatura, *cont.*

Usa el diagrama de puntos que hizo la clase para hacer una tabla de frecuencia con los datos.

Tabla de frecuencia	
Cambio de estatura	**Número de niños**
0 cm	
1 cm	
2 cm	
3 cm	
4 cm	
5 cm	
6 cm	
7 cm	
8 cm	
9 cm	
10 cm	

Fecha Hora

LECCIÓN 12·7 Cambios de estatura, *cont.*

1. Haz una gráfica de barras con los datos de la tabla de frecuencia.

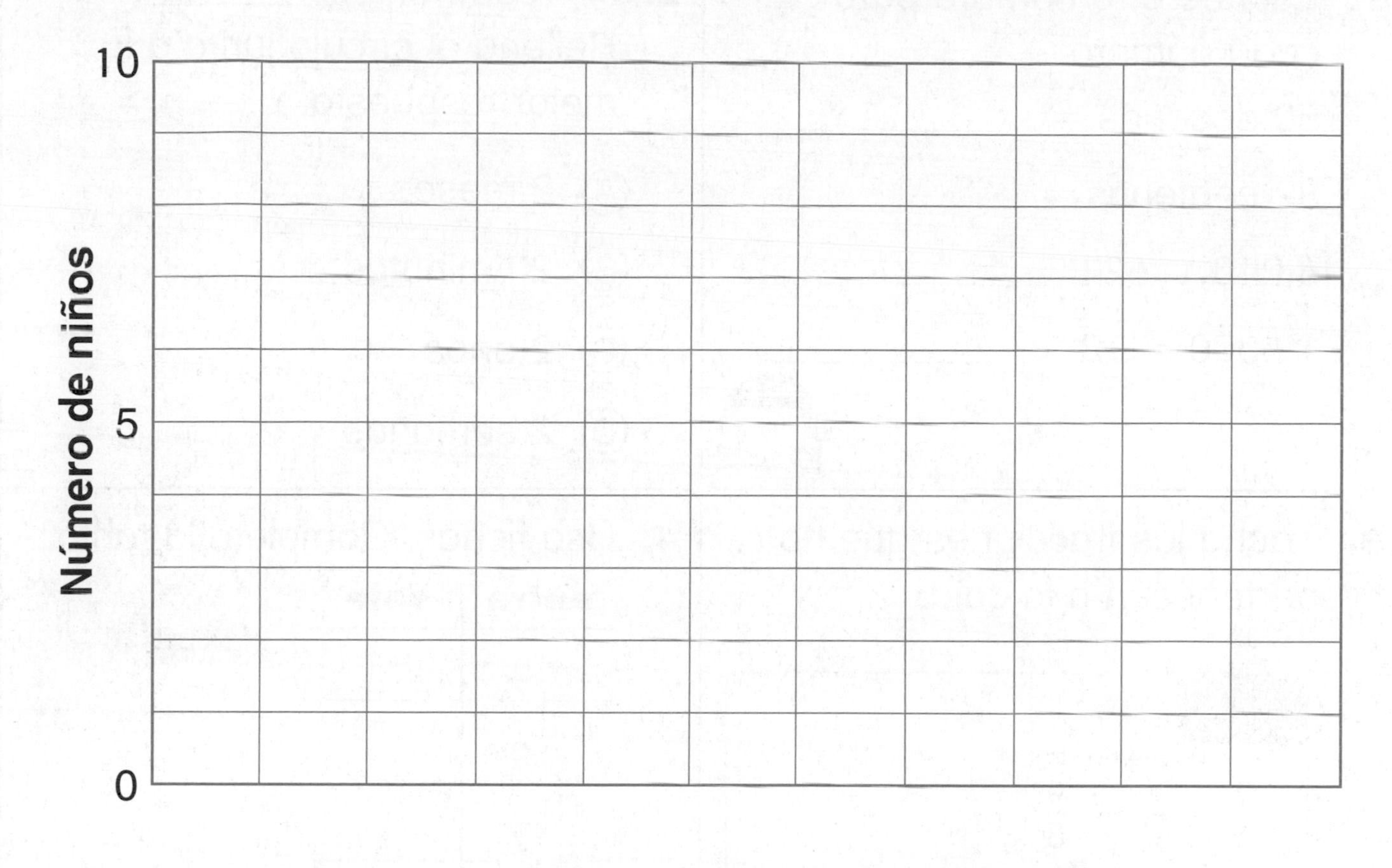

Cambios de estatura (en centímetros)

2. El mínimo es de _____ centímetro(s).

3. El máximo es de _____ centímetro(s).

4. La mediana (el valor del medio) de los datos de los cambios de estatura es de _____ centímetro(s).

5. La moda (el cambio de estatura que ocurrió con mayor frecuencia) es de _____ centímetro(s).

6. El rango es de _____ centímetro(s).

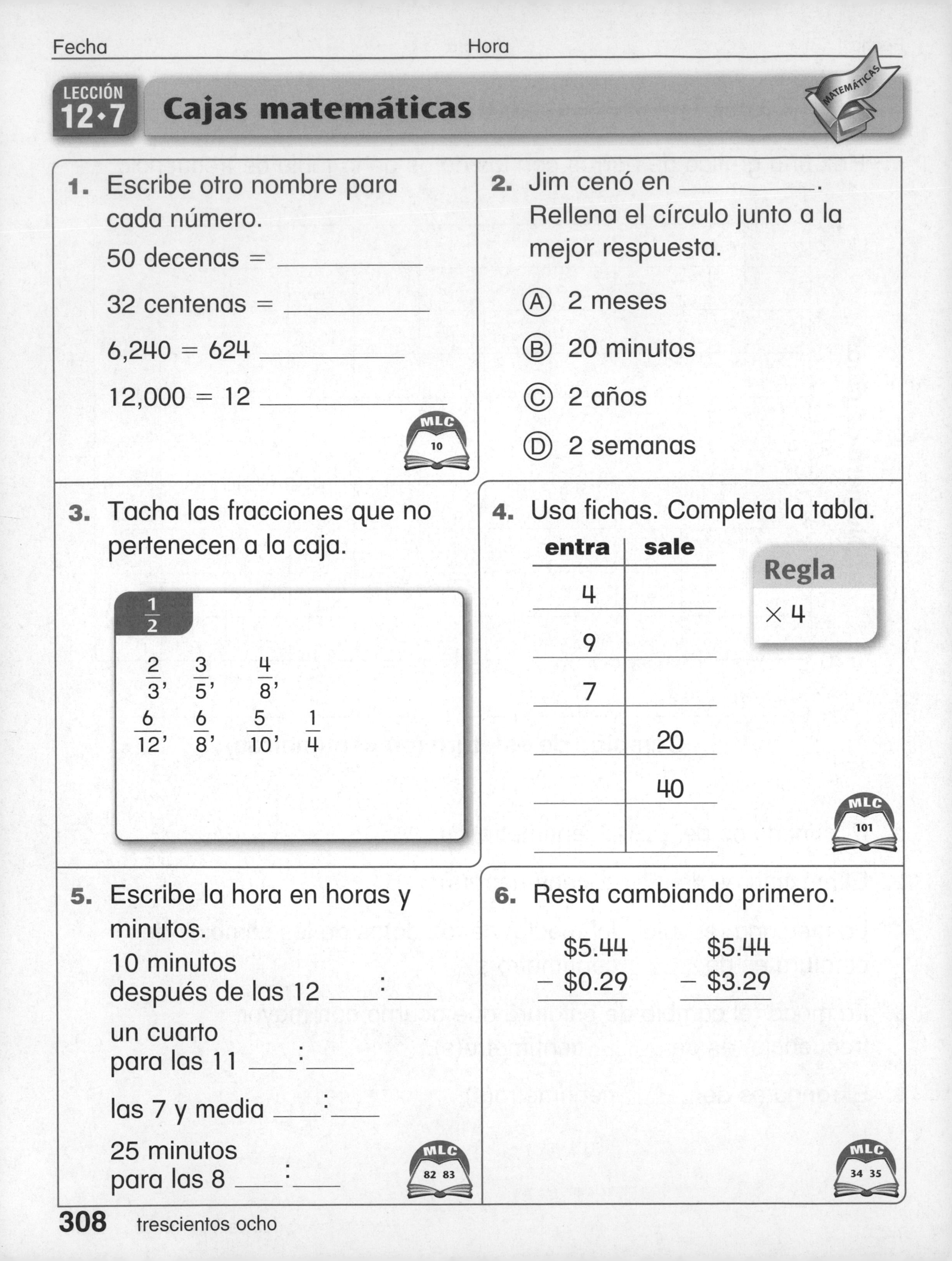

LECCIÓN 12•7

Cajas matemáticas

1. Escribe otro nombre para cada número.

50 decenas = ____________

32 centenas = ____________

6,240 = 624 ____________

12,000 = 12 ____________

MLC 10

2. Jim cenó en ____________. Rellena el círculo junto a la mejor respuesta.

Ⓐ 2 meses

Ⓑ 20 minutos

Ⓒ 2 años

Ⓓ 2 semanas

3. Tacha las fracciones que no pertenecen a la caja.

$\frac{1}{2}$

$\frac{2}{3}$, $\frac{3}{5}$, $\frac{4}{8}$,

$\frac{6}{12}$, $\frac{6}{8}$, $\frac{5}{10}$, $\frac{1}{4}$

4. Usa fichas. Completa la tabla.

entra	sale
4	
9	
7	
	20
	40

Regla
× 4

MLC 101

5. Escribe la hora en horas y minutos.

10 minutos después de las 12 ____:____

un cuarto para las 11 ____:____

las 7 y media ____:____

25 minutos para las 8 ____:____

MLC 82 83

6. Resta cambiando primero.

$$\begin{array}{r} \$5.44 \\ -\ \$0.29 \\ \hline \end{array} \qquad \begin{array}{r} \$5.44 \\ -\ \$3.29 \\ \hline \end{array}$$

MLC 34 35

Fecha Hora

LECCIÓN 12·8

Cajas matemáticas

1. Escribe el número. Usa tu Libro de valor posicional si lo necesitas.

3 decenas = ______

33 decenas = ______

333 decenas = ________

2. Une.

1 día	14 días
3 días	48 horas
2 semanas	24 horas
2 días	72 horas

3. Escribe las fracciones.

______ ó ______

4. Completa la tabla.

Regla

×3

entra	sale
0	
1	
2	
3	
	12
	30

5. Tacha los nombres que no pertenecen a la caja.

6:15

las seis y quince,

un cuarto para las 7,

un cuarto después de las 6,

15 minutos antes de las 6,

15 minutos después de las 6

6. Resuelve.

Unidad

$$\begin{array}{r} 687 \\ -\ 409 \\ \hline \end{array} \qquad \begin{array}{r} 569 \\ -\ 372 \\ \hline \end{array}$$

Fecha Hora

Tabla de equivalencias

Peso	
kilogramo	1,000 g
libra	16 oz
tonelada	2,000 lb
1 onza pesa alrededor de 30 g	

$<$	*es menor que*
$>$	*es mayor que*
$=$	*es igual a*
$=$	*es igual que*

Longitud	
kilómetro	1,000 m
metro	100 cm ó 10 dm
decímetro	10 cm
centímetro	10 mm
pie	12 pulg
yarda	3 pies ó 36 pulg
milla	5,280 pies o 1,760 yd
10 cm son alrededor de 4 pulg	

Tiempo	
año	365 ó 366 días
año	alrededor de 52 semanas
año	12 meses
mes	28, 29, 30 ó 31 días
semana	7 días
día	24 horas
hora	60 minutos
minuto	60 segundos

Dinero		
	1¢, o sea, $0.01	(P)
	5¢, o sea, $0.05	(N)
	10¢, o sea, $0.10	(D)
	25¢, o sea, $0.25	(Q)
	100¢, o sea, $1.00	$1

Abreviaturas	
kilómetros	km
metros	m
centímetros	cm
millas	mi
pies	pies
yardas	yd
pulgadas	pulg
toneladas	T
libras	lb
onzas	oz
kilogramos	kg
gramos	g
decímetros	dm
milímetros	mm
pintas	pt
cuartos	ct
galones	gal
litros	L
mililitros	mL

Capacidad
1 pinta = 2 tazas
1 cuarto = 2 pintas
1 galón = 4 cuartos
1 litro = 1,000 mililitros

Fecha Hora

Notas

Fecha Hora

Notas

Fecha _______________ Hora _______________

LECCIÓN 11•7

Triángulos de operaciones 1, de ×, ÷

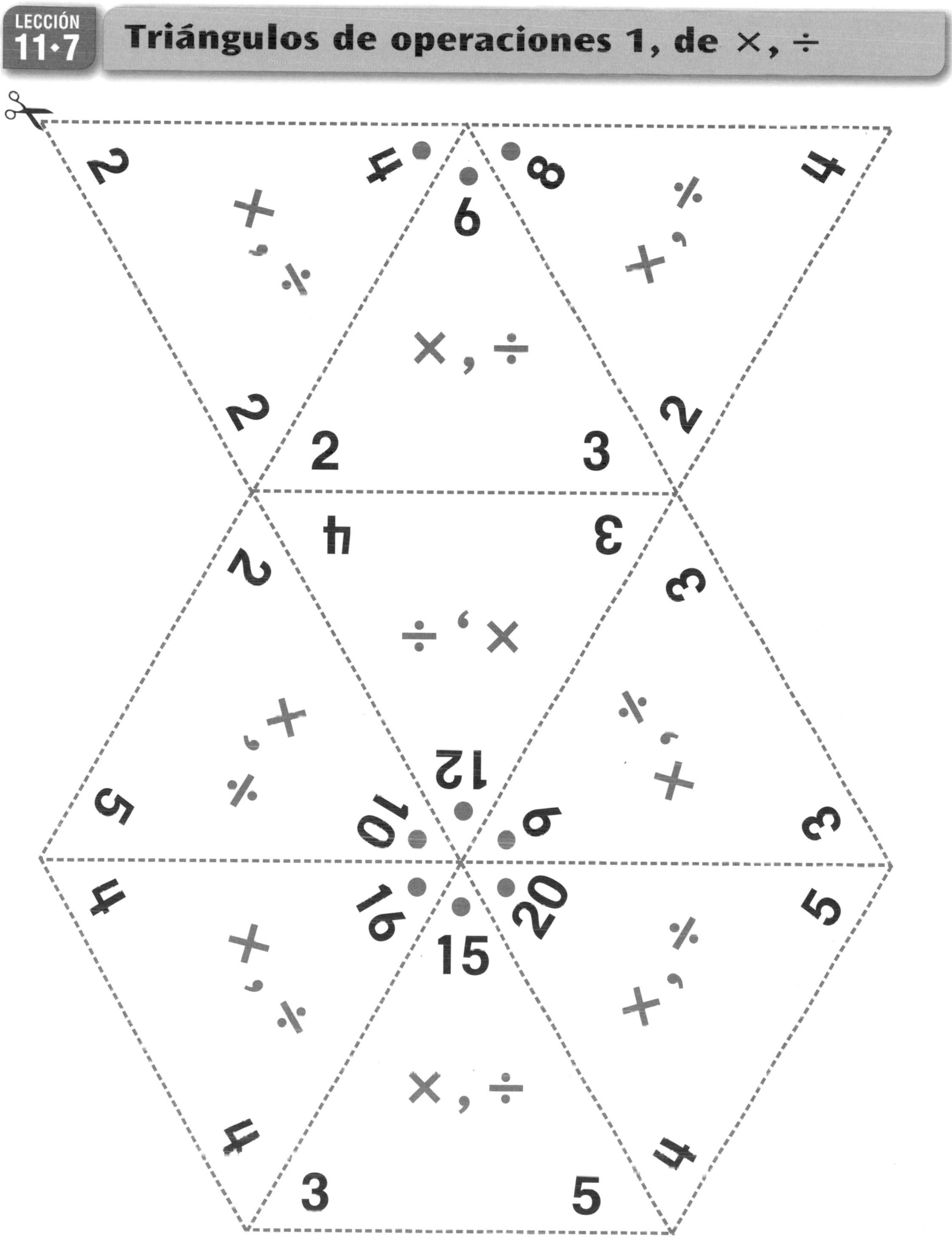

Fecha Hora

LECCIÓN 11•7

Triángulos de operaciones 2, de ×, ÷

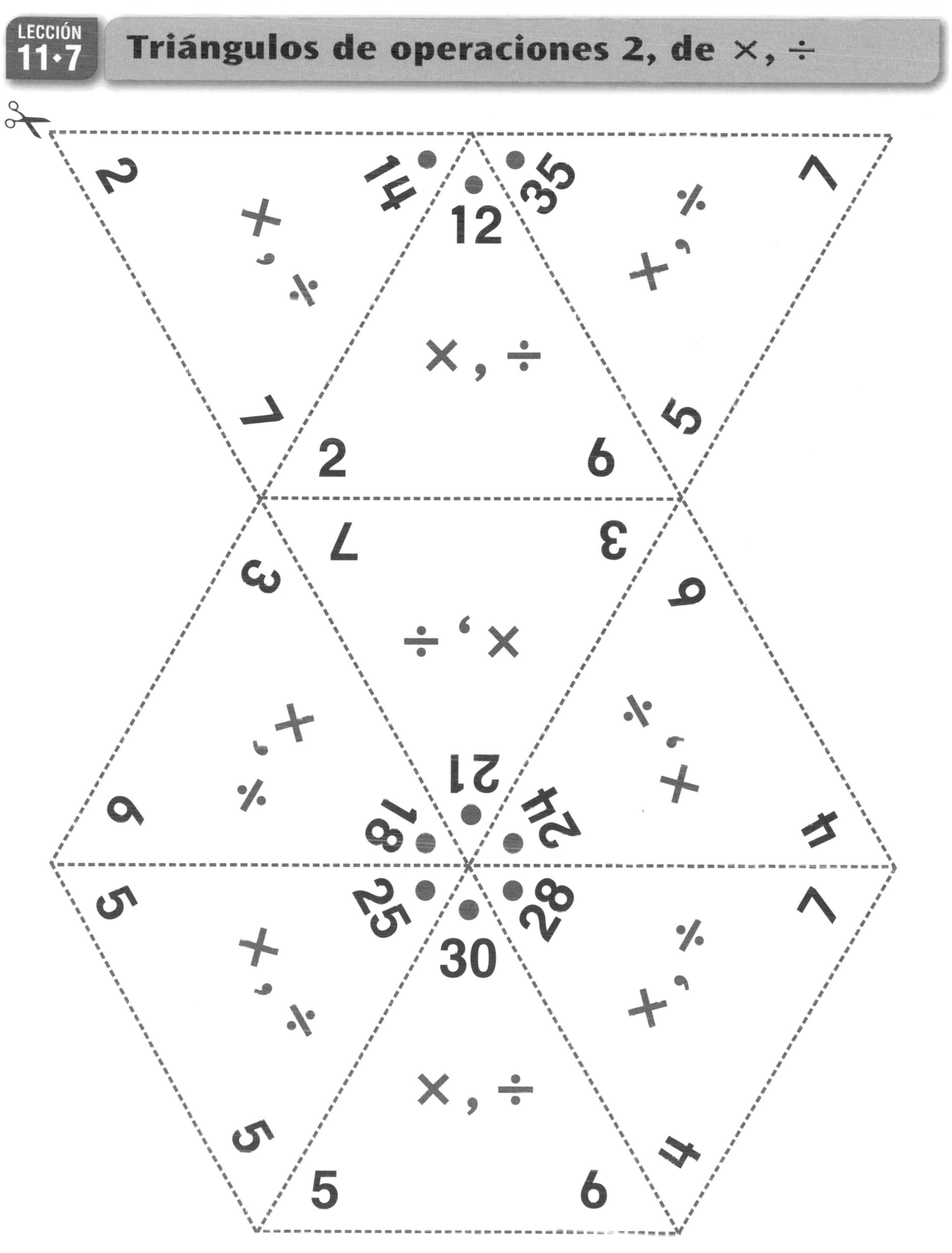

Fecha Hora

LECCIÓN 11·9

Triángulos de operaciones 3, de ×, ÷

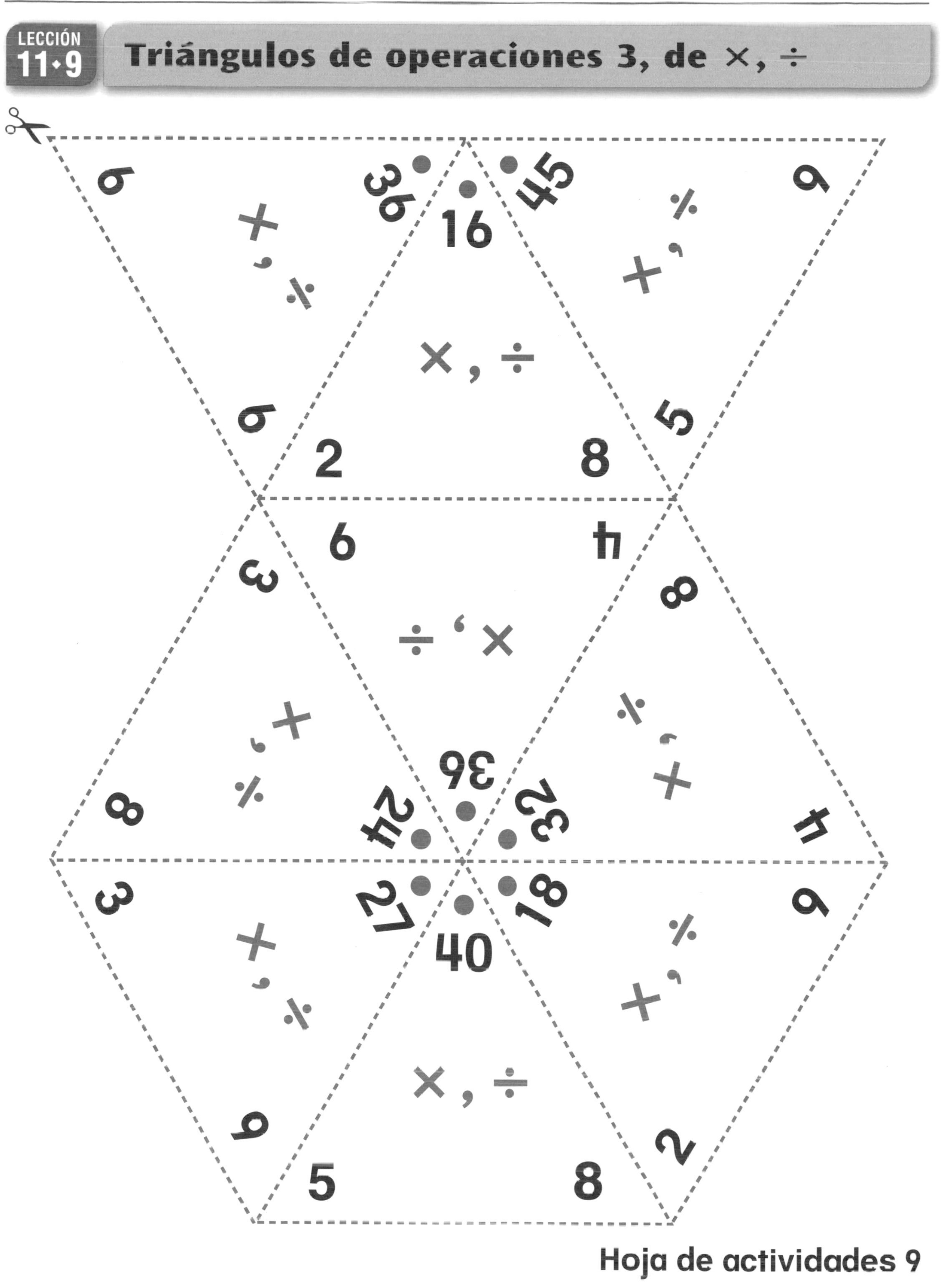

LECCIÓN 11·9

Triángulos de operaciones 4, de ×, ÷

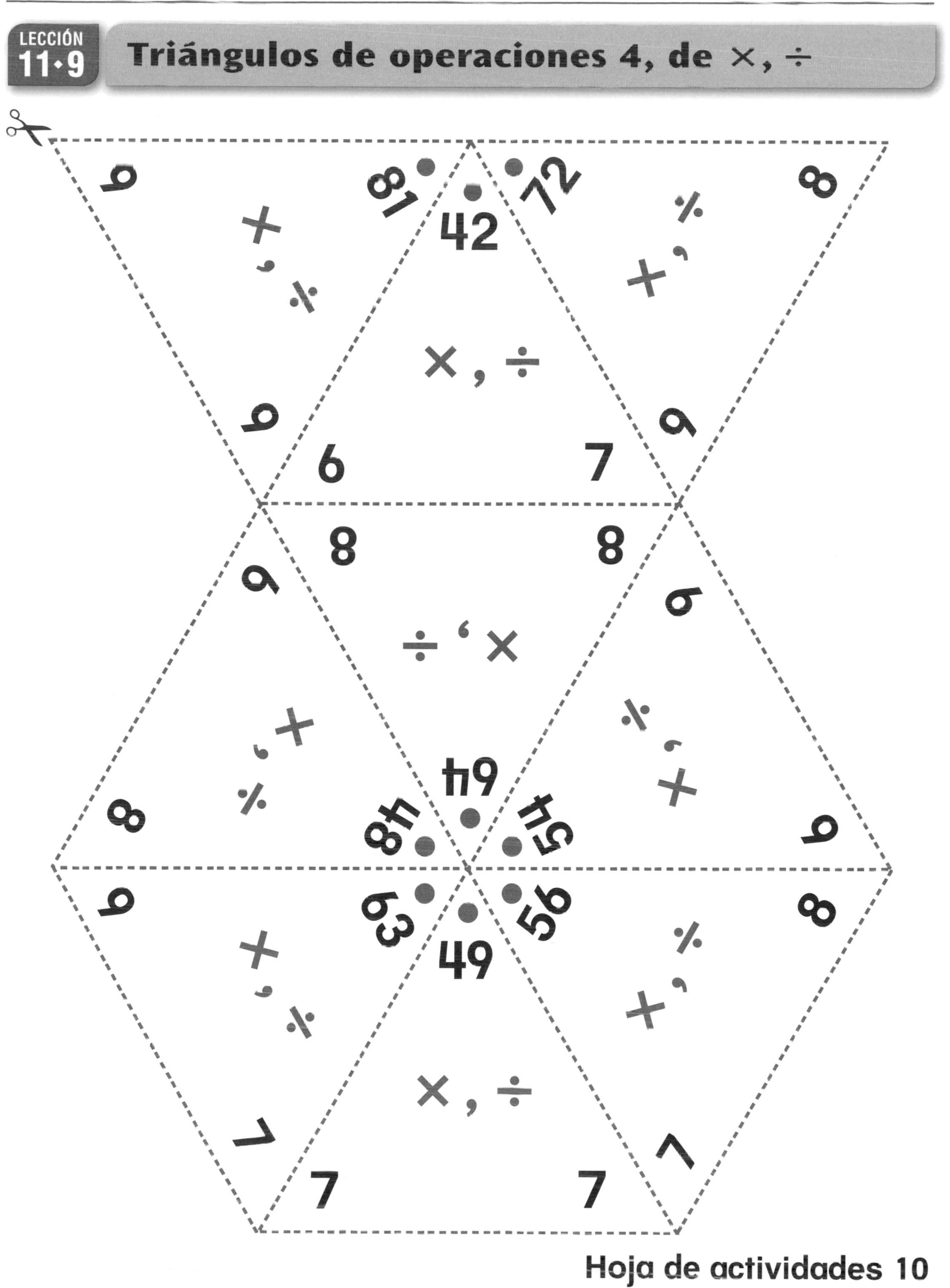